JN026124

微分と積分

基本から応用まで，「知識ゼロ」から理解できる

4

微分の誕生

協力 髙橋秀裕

5

微分と積分の統一

協力 髙橋秀裕，執筆 足立恒雄／神永正博

6

創始者をめぐる争い

協力・執筆 髙橋秀裕

7

微分と積分の実践・応用

協力 江崎貴裕／藤田康範，監修 小山信也，執筆 浅井圭介／鮫島俊哉／祖父江義明／竹内 徹／山本昌宏／和田純夫

1章

微分と積分は
「関数の特徴を読み解く数学」

協力　小山信也／根上生也

　微分と積分を端的に説明すれば,「変化」を計算するための数学といえる。位置の変化，速度の変化，株価の変化など，さまざまな変化を計算するときに，微分と積分はとても役に立つのである。1章では微分・積分をとらえるための一歩として，その“エッセンス”を紹介しよう。

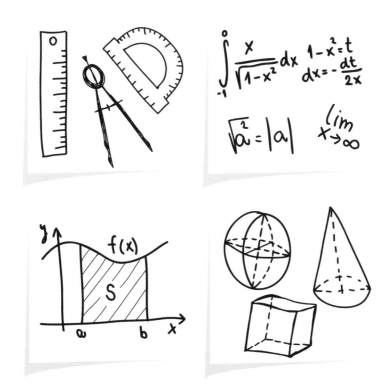

連続写真でイメージする
微分の本質

　右の写真は，ある人のゴルフのスイングを，一定の時間間隔でストロボをたいて撮影したものだ。多くの人が一度は目にしたことのある一般的な「連続写真」だが，実はここに，本書のテーマの一つである「微分」の本質がかくれているのだ。

　ゴルフクラブを振り上げるとき，ヘッド（クラブの先端）の間隔はほぼ一定に写っているように見える。つまり，クラブは一定の速度で振り上げられているといえる。

　一方で，クラブを振り下ろすとき，ヘッドの間隔はしだいに広くなり，ボールを打つ（当たる）直前で間隔が最も広くなっているように見える。これは，ボールを打つ瞬間にヘッドが最高速度に達していることを示している。

　これは，言いかえれば，写真に写っている**ヘッドの間隔を見れば，ヘッドの位置の変化のようす，すなわちヘッドの速度が読み取れるということだ。**

「変化の度合い」を調べる微分

　微分とは，このような"ある**物事"の変化の度合い（ようす）を調べることを可能にする，数**学的な手法である。ただし，連続写真は「小さな（時間）間隔での変化量」をとらえるのに対し，数学における微分は「**無限に小さな間隔での変化量」を考えるという点でことなる。**

振り上げるときの
ヘッド

振り下ろすときの
ヘッド

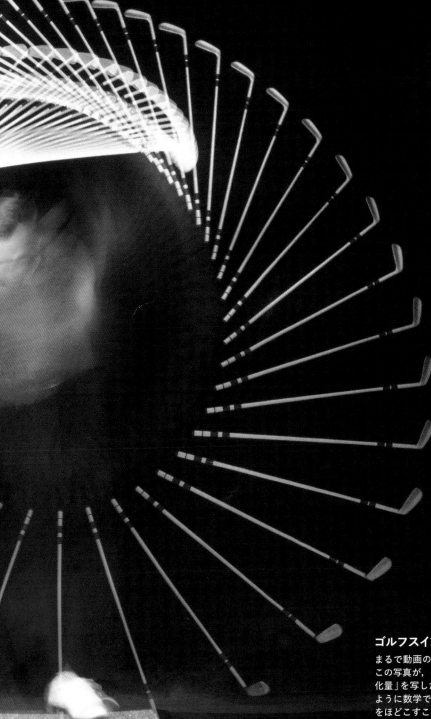

ゴルフスイングの連続写真

まるで動画のように動きが感じられるのは，この写真が，それぞれの瞬間での動きの「変化量」を写しだしているためだ。これと同じように数学では，関数に「微分」という操作をほどこすことで，その関数の変化の仕方がよく理解できるようになる。

関数とは
"材料を入れると製品を出力する装置"

7ページで,「関数に微分という操作をほどこすことで,その関数の変化の仕方がよく理解できるようになる」と述べたが,関数とは何だろうか。

関数とは,$y = 2x^2 + 3x - 5$ のような形であらわされ,**材料（xの値）を入れると,中で加工（xについての計算）をほどこし,製品（yの値）を出力する装置のようなものだ。**

たとえばボールを真上に投げたとき,xを「放った瞬間からの経過時間（秒）」,yを「最初の位置からのボールの高さ（メートル）」とし,$y = -4.9x^2 + 10x$ とあらわした場合,xに好きな値を入れれば,その時刻でのボールの高さを求めることができる。

別の例をみてみよう。右下の図は,バッターの打球の初速を毎秒40メートルとし,ボールを打ちだしたときの角度によって,ボールの軌跡がどのようにかわるかを,関数とそのグラフを使ってあらわしたものである（関数は,物理学の「力学」の知識を使ってみちびいた）。

xは「打った場所からの水平方向の距離」,yは「打った場所からの垂直方向（鉛直方向）の距離」だ。グラフを見ると,角度45°のときが最も遠くまで飛ぶことがわかる。

関数は,物理学にかぎらず,統計学や経済学などでも使われている。身近なところでは,パソコンの表計算ソフトExcelなどで使った経験がある人も少なくないだろう。

関数で
ボールの運動を予測する（→）

右ページ上には,関数のイメージをえがいた。"材料"（xの値）を入れると,"製品"（yの値）が出てくる。ただし関数は,xの値を入れると,yの値が一つに決まるものである必要がある。

右は,バッターが打った打球の初速を毎秒40メートル（時速144キロメートル）として,打ちだしたときの角度によってボールの軌跡がどうなるかを関数とそのグラフであらわしたものだ。ただし,計算を簡単にするため,空気の影響を無視して考えている。

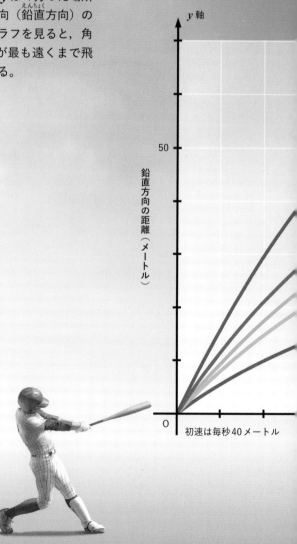

y軸

50

鉛直方向の距離（メートル）

0

初速は毎秒40メートル

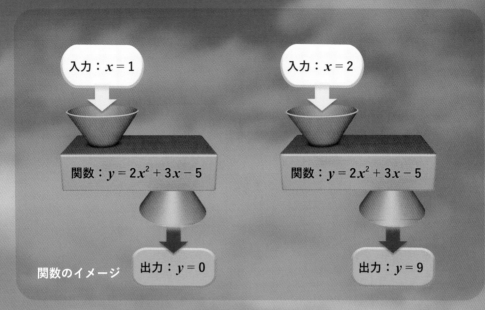

入力：$x = 1$

関数：$y = 2x^2 + 3x - 5$

出力：$y = 0$

入力：$x = 2$

関数：$y = 2x^2 + 3x - 5$

出力：$y = 9$

関数のイメージ

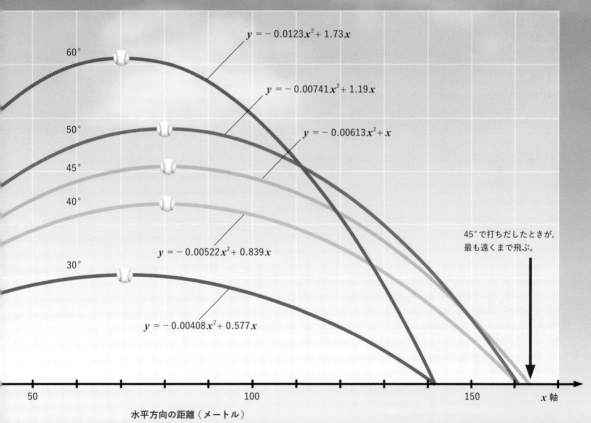

$y = -0.0123x^2 + 1.73x$

$y = -0.00741x^2 + 1.19x$

$y = -0.00613x^2 + x$

$y = -0.00522x^2 + 0.839x$

$y = -0.00408x^2 + 0.577x$

60°

50°

45°

40°

30°

45°で打ちだしたときが，最も遠くまで飛ぶ。

50

100

150

x 軸

水平方向の距離（メートル）

＊「$y = ax + 5b$」のように文字式に登場する文字は，それぞれ「変数（へんすう）」と「定数（ていすう）」をあらわしている。変数とは時間や条件によって変化する，一つに定まっていない数のことで，主に x，y，z などが使われる。一方，定数とは時間や条件によってかわらない，一つの値に決まった数のことで，a，b，c などが使われる。

無限に小さく分けてから足しあわせる積分

高校の数学において，微分とセットで学ぶのが「積分」である。微分と積分は，あわせて「微分積分（微積分）」とよばれる。

ズッキーニの体積を計算で求めるには？

たとえば，円の面積は「半径×半径×π」で求められる。また，円柱の体積であれば「（底面の）円の面積×高さ」で求められる。では，下の写真のようなズッキーニ（野菜）の体積は，どのように求めればよいだろうか。

切り口が円で，細長い形をしたズッキーニは，円柱に似ている。しかし，太さは場所によってことなるため，円柱とみなすことはできない。

では，ズッキーニを一定の間隔で輪切りにしてみよう。まずは10個に輪切りし，それぞれの断面（円）の半径をはかる。これらを10個の円柱とみなし，すべての体積を足しあわせれば，全体の体積が求められそうだ。

しかしこの方法では，実際のズッキーニのなめらかな形とのずれが生じてしまう。そこで，切る幅をより小さくして，輪切りの数を20個，50個とふやしていけば，実際のズッキーニとのずれはどんどん小さくなっていくはずだ。そして，切る幅を無限に小さくすることができれば，なめらかな形の体積を正確に計算できるはずだ。

この「無限に小さく分けてから足しあわせる」ということを可能にする計算方法こそが，積分なのである。

小さく分ければ
なめらかな形に近づいていく（→）

くびれた細長い立体図形を，"多数の円柱の足しあわせ"とみなして体積を求める方法を示した。10個，20個，50個と円柱の数をふやしていくほど，形はなめらかになっていく。

ズッキーニ

10個の円柱とみなして
体積を求める

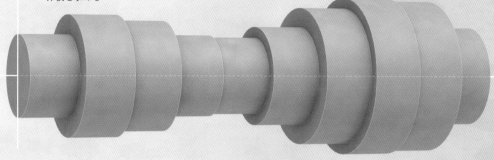

20個の円柱とみなして
体積を求める

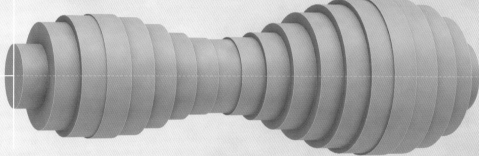

50個の円柱とみなして
体積を求める

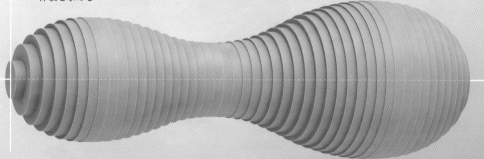

微分と積分は
たがいに逆の関係にある

　微分と積分は，一見まったく別の計算のように思えるが，実は非常に深い関係がある。二つは，たがいに「逆の計算」にあたるのだ。

　物体の速度がわかっている場合，「速度×経過時間」で移動距離を求めることができる。右下の①は，横軸を時間 x，縦軸を速度 y として，ボールが一定の速度で進んでいる場合のグラフ

（赤線）である。ボールの移動距離は，赤線と x 軸で囲まれた領域の面積と一致する。

　実は速度が一定ではなくても，速度のグラフと x 軸で囲まれた領域の面積は，移動距離と一致する。右ページ②の赤線は，初速毎秒20メートルで打ち上げられたボールの，x秒後の速度 y のグラフだ。ボールの速度は，重力を受けて徐々に遅くなっている。このとき速度 y は，$y = -10x + 20$ とあらわせる。

　ここで，②の図中に紫色で示した長方形の面積は，長方形の横幅に相当する短い時間にボー

ルが移動した距離とほぼ一致する。速度は一定ではないので，この長方形の面積は，実際の移動距離よりもやや大きくなっている。しかし，経過時間の幅をかぎりなく小さくしていけば，実際の移動距離との誤差はかぎりなく小さくなっていく。

　このような「かぎりなく細い長方形」を無数に足しあわせたものが，赤色の領域（②の図中・三角形部分）なので，この領域の面積は移動距離に一致するというわけだ。前節でみたように，この面積を求める計算こそが「積分」なのである。

積分と微分の関係

足し算と引き算が逆の計算であるように，微分と積分もたがいに逆の計算だといえる。①〜③に示したように，速度から移動距離を求めるのが「積分」で，逆に移動距離から速度を求めるのが「微分」だといえる。

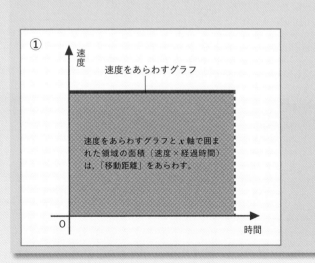

① 速度をあらわすグラフ

速度をあらわすグラフと x 軸で囲まれた領域の面積（速度×経過時間）は，「移動距離」をあらわす。

速度

0　　　　　　　時間

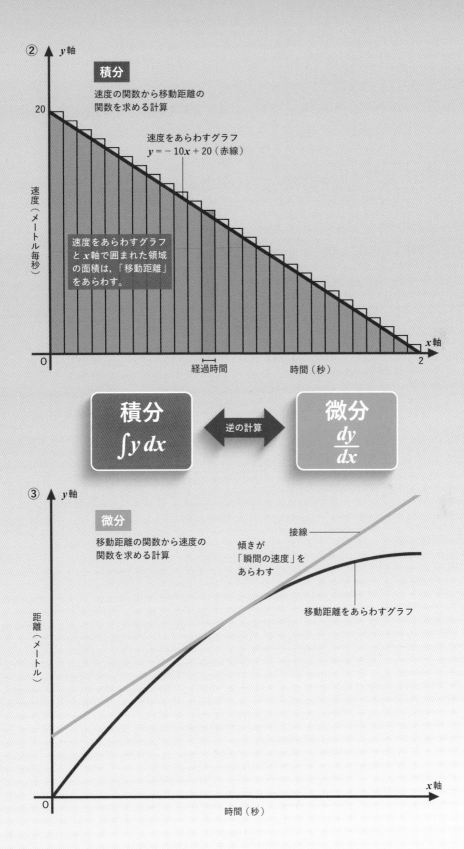

② **積分**

速度の関数から移動距離の
関数を求める計算

速度をあらわすグラフ
$y = -10x + 20$（赤線）

速度をあらわすグラフ
と x 軸で囲まれた領域
の面積は，「移動距離」
をあらわす。

速度（メートル毎秒）

経過時間　　時間（秒）

O　　2

積分
$\int y\, dx$

逆の計算

微分
$\dfrac{dy}{dx}$

③ **微分**

移動距離の関数から速度の
関数を求める計算

接線

傾きが
「瞬間の速度」を
あらわす

移動距離をあらわすグラフ

距離（メートル）

時間（秒）

O

物体の運動は微分と積分に支配されている

ボールの運動を関数であらわした例からもわかるように，微分と積分は物体の運動を調べるのに威力を発揮する。

実は物体の運動にかぎらず，微分と積分は，自然界のしくみを知るうえで不可欠なものだといえる。とくに，さまざまな自然現象を数式を使って記述する「物理学」においては，多くの法則が，微分を含む方程式（微分方程式 ※ ）によってあらわされる。

たとえば，17世紀にアイザック・ニュートン（1642 ～ 1727）が構築した「ニュートン力学」の最も基礎となる方程式に「運動方程式」がある（下のかこみ）。ニュートン力学は，あらゆる物体の運動を説明する，物理学の中でも最も基礎となる理論だといえる。

運動方程式に登場する m は物体の質量，v は速度，t は時刻，F は力をあらわしている。$\frac{dv}{dt}$ は速度を時刻 t で微分したもので，加速度とよばれる量だ。たとえば，「加速度が1メートル毎秒毎秒（m/s^2）」とは，1秒ごとに秒速1メートルずつ速度が増していくことを意味する。

運動方程式は，「力は，質量と加速度の積に等しい」ことをあらわしている。別の言い方をすれば，「物体の加速度は，加えられた力の大きさに比例し，質量に反比例する」ということになる（→次節につづく）。

※：以前は高校の数学で習ったが，現在ではくわしくは学ばなくなっている。

運動方程式

$$m\frac{dv}{dt}=F$$

ニュートン力学で，最も基礎となるのが運動方程式である。速度 v を時刻 t で微分した加速度が，力 F に比例し，質量 m に反比例することをあらわしている。

ニュートン力学を構築した
アイザック・ニュートン（イメージ）

微分方程式を解いて
未知の関数を求める

　「方程式を解く」とは，通常，方程式を満
たす未知の数を求めることを意味する。一
方，「微分方程式を解く」とは，**微分や積分
の知識を駆使して，微分方程式を満たす未
知の関数を求めることを意味する**。前節の
運動方程式の場合，速度 v を時刻 t の関数
として求めることが，微分方程式を解くこ
とに相当する。つまり，運動方程式という
微分方程式を解くことで，物体の速度がど
のように時間変化するかがわかり，**"物体
の運動の未来"を予測することができるの
である**。

　物理法則が微分方程式であらわされる例
は，ほかにもたくさんある。たとえば，電
気と磁気の法則をまとめた「マクスウェル
方程式」，液体や気体などの流体のふるまい
を解き明かす流体力学の基礎となる「ナビ
エ・ストークス方程式」，原子や電子などの
ミクロな粒子のふるまいを解き明かす量子
力学の基礎となる「シュレーディンガー方
程式」などだ。微分方程式は，自然界のさ
まざまな現象のしくみを解き明かし，過去
や未来を分析・予測するための最強のツー
ルであるといえる。

　1章では，微分と積分を理解するうえで
鍵となるポイント（概要）を説明した。2
章ではそれぞれについて，よりくわしく説
明していくことにしよう。

> ジェットコースターも
> 微分方程式に支配されている（→）

ジェットコースターの運動も，宇宙空間の彗星
（すいせい）の運動も，運動方程式という微分方程
式で説明できる。つまり微分方程式を解くことで，
ジェットコースターや彗星の速度・位置が，どの
ように時間変化するかがわかる。

はじめての
微分と積分

協力・監修　高橋秀裕

　1章では，微分と積分の"エッセンス"を紹介した。2章では，微
分と積分の基礎となる部分を一つひとつ順番に，あらためて解説し
ていこう。

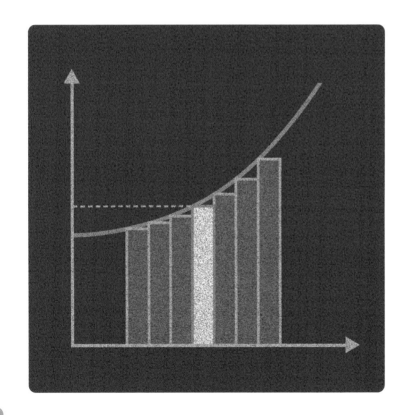

2

日常生活の中には
微分と積分の考え方がひそんでいる

——微分と積分は，なんだかむずかしそう。よくわからない。

そんなふうに感じている人も少なくないだろう。しかし，私たちは日常生活の中で，知らず知らずのうちに微分や積分の考え方にふれている。

たとえば今，あなたは自転車に乗って，映画館に向かっているとしよう。自転車の速度計を見ると，時速16キロメートルだった。

現在地から映画館までの距離は，6キロメートルである。一方，映画は今から30分後にはじまる。もし，今とまったく同じ

ペースで走りつづけたとしたら，あなたは映画に間に合うだろうか。

時速16キロメートルの速度で1時間走ると，16キロメートル進む。30分（0.5時間）であれば，8キロメートル進める計算になる。つまり，今と同じペー

自転車で映画館に向かうときも……

映画館まで自転車で向かうとき，今の速度で走りつづけると，映画に間に合うだろうか。こんな日常的な問題解決にも，微分と積分の考え方がひそんでいる。ごくおおまかにいえば，「距離÷時間」で速度を求めることは微分の考え方に，「速度×時間」で距離を求めることは積分の考え方に通じるといえる。

速度 ＝ 距離 ÷ 時間 → 微分 の考え方

距離 ＝ 速度 × 時間 → 積分 の考え方

スで走りつづければ，映画館には30分以内に着くことができるので，映画には間に合いそうだとわかる。

微分で「速度」を
積分で「距離」を求める

自転車を走らせると，その位置は時間とともにかわっていく。速く走れば，位置は時間とともに大きく変化し，遅ければ位置は少ししか変化しない。つまり，速度とは「（位置の）変化の度合い」のことだといえる。

このとき，ある瞬間の「変化の度合い」を正確に知るための数学的な方法が「微分」である。

では，積分とは何だろうか。

前述の例では，時速16キロメートルという変化の度合いを30分（0.5時間）ぶん積み重ねることで，8キロメートルという移動距離を求めた。このように，何かの量を積み重ねることで全体像（この場合は移動距離）を求めることが，「積分」の考え方なのである。

「瞬間の速度」を求めることは実はむずかしい

微分は，小学校の算数で習う「速度＝距離÷時間」さえ知っていれば理解することができる。

高い塔からリンゴを落とすとき，手を放してからの時間をx秒とすると，その間にリンゴは$5x^2$メートル落下する[※]ことが知られている（より正確には約$4.9x^2$メートル）。これは16〜17世紀のイタリアの科学者（哲学者）ガリレオ・ガリレイが発見し，「落体の法則」として知られるものだ。

手を放してからの1秒間で，リンゴは5メートル落下した。では，手を放してから1秒後という瞬間の，リンゴの落下速度は秒速何メートルだろうか。

「平均速度」と「瞬間の速度」は別物

速度＝距離÷時間の式に，距離＝5メートル，時間＝1秒をあてはめると，秒速5メートルと求められそうなものだ。しかし，この秒速5メートルは「過去1秒間の平均速度」にすぎない。物体の落下速度は，時間とともにどんどん加速していく。したがって，1秒後の瞬間の速度は，過去1秒間の平均速度（秒速5メートル）よりも速いはずだ（→次節につづく）。

※：x秒間にリンゴが落下する距離をyメートルとすると，xとyの関係は，$y = 5x^2$という式であらわせる。このような対応関係が，関数である。

1秒後

2秒後

20メートル

落ちはじめて1秒後の
リンゴの速度は？

ある人が，高い塔の上からリンゴを落としたようすをえがいた。ガリレオの「落体の法則」によれば，手を放してから1秒後までに，リンゴは5メートル落下する。手を放してから2秒後までには，リンゴは20メートル落下していく。

落下開始

5メートル

「微分」「積分」という言葉の由来

　微分や積分という言葉そのものに，わかりにくさを感じている人も少なくないだろう。微分は英語で「differential（ディファレンシャル）」，積分は「integral（インテグラル）」という。differential calculus，integral calculusのように「calculus（カルキュラス）」を添える場合もある。

　differentialは「差の」，integralは「全体の」という意味である。calculusは「計算法」という意味だが，もとはラテン語の"calculus"（小石）に由来する。これはかつて，小石を並べて計算したことのなごりだ。ちなみに，体内にできる結石（けっせき）も，英語でcalculusという。

　中国では1850年代以降に，微分や積分について書かれた西洋の数学書が中国語に訳された。このときの中国語訳である「微分」と「積分」が，そのまま日本でも採用された。

　微分の"微"という漢字には，「かすかな・ごく小さい」という意味がある。つまり，微分という言葉は「ごく小さいものに分ける」という操作をあらわしているといえる。一方，積分の"積"という漢字には「つむ・あつめる」という意味がある。すなわち，積分という言葉は「分けたものを積み重ねて全体をつくる」という操作をあらわしているといえる。

＊参考文献：片野善一郎『数学用語と記号ものがたり』

瞬間の速度を求めようとすると「0÷0」に行きつく?

手を放してからの1秒間における平均速度ではなく，手を放してから1秒後の瞬間の速度を求めるには，どうすればよいだろうか。

今度は1秒後からの「短い時間」を考えて，その間に落下する「短い距離」を調べることにしよう。短い距離÷短い時間を計算すれば，その平均速度がわ

かる。短い時間を1秒，0.5秒，0.1秒…と短くしていくと，知りたかった「1秒後の瞬間の速度」にどんどん近づいていく。そして，短い時間をかぎりなく

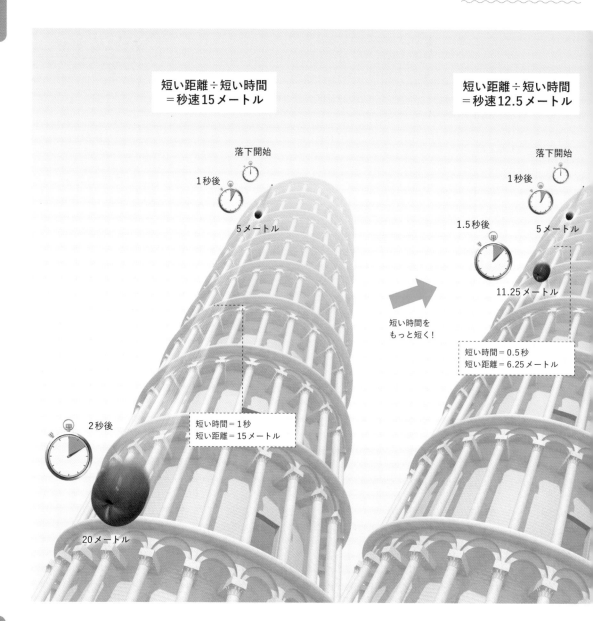

短い距離÷短い時間
＝秒速15メートル

短い距離÷短い時間
＝秒速12.5メートル

落下開始
1秒後
5メートル
2秒後
20メートル
短い時間＝1秒
短い距離＝15メートル

落下開始
1秒後
5メートル
1.5秒後
11.25メートル
短い時間＝0.5秒
短い距離＝6.25メートル

短い時間をもっと短く!

0秒に近づければ，ついに1秒後の瞬間の速度にたどりつくはずだ。

しかし，時間が0に近づくなら，その間に落下する距離も0に近づく。すると，**短い距離÷短い時間は「0÷0」に行きついてしまいそうだ。0÷0は計算**することができない。瞬間の速度など，本当に求められるのだろうか（→次節につづく）。

> 手を放してから1秒後の「瞬間の速度」を
> 正しく求めるには？（↓）

1秒後からの「短い時間」における平均速度を求める。その短い時間を0に近づけていくことで，瞬間の速度にたどりつくはずだ。

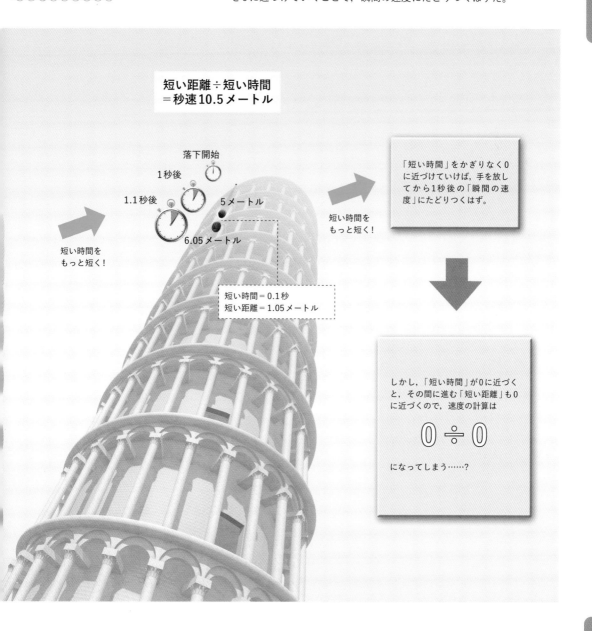

短い距離÷短い時間
＝秒速10.5メートル

落下開始

1秒後

1.1秒後

5メートル

6.05メートル

短い時間を
もっと短く！

短い時間＝0.1秒
短い距離＝1.05メートル

短い時間を
もっと短く！

「短い時間」をかぎりなく0に近づけていけば，手を放してから1秒後の「瞬間の速度」にたどりつくはず。

しかし，「短い時間」が0に近づくと，その間に進む「短い距離」も0に近づくので，速度の計算は

0 ÷ 0

になってしまう……？

デルタを使って瞬間の速度を求める

前節で登場した「短い時間」を，Δx ※と書くことにしよう。数学では，Δ は一般に「変化量」をあらわす記号として用いられる。このとき，Δx（秒）の間に落下する「短い距離」は，具体的にはどのくらいだろうか。

手を放してから x 秒間に，リンゴは $5x^2$ メートル落下する。手を放してから1秒後から，さらに Δx が過ぎたときの時間は「$1 + \Delta x$」である。このときの落下距離は，$5x^2$ の x に $1 + \Delta x$ を代入して，

$$5 \times (1 + \Delta x)^2$$
$$= 5(\Delta x)^2 + 10\,\Delta x + 5$$

と計算することができる。

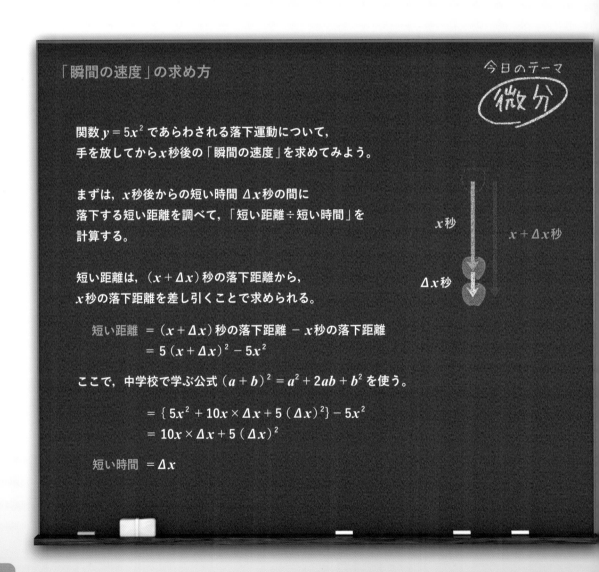

「瞬間の速度」の求め方　　　今日のテーマ　微分

関数 $y = 5x^2$ であらわされる落下運動について，手を放してから x 秒後の「瞬間の速度」を求めてみよう。

まずは，x 秒後からの短い時間 Δx 秒の間に落下する短い距離を調べて，「短い距離 ÷ 短い時間」を計算する。

短い距離は，$(x + \Delta x)$ 秒の落下距離から，x 秒の落下距離を差し引くことで求められる。

$$\text{短い距離} = (x + \Delta x) \text{秒の落下距離} - x \text{秒の落下距離}$$
$$= 5(x + \Delta x)^2 - 5x^2$$

ここで，中学校で学ぶ公式 $(a + b)^2 = a^2 + 2ab + b^2$ を使う。

$$= \{ 5x^2 + 10x \times \Delta x + 5(\Delta x)^2 \} - 5x^2$$
$$= 10x \times \Delta x + 5(\Delta x)^2$$

$$\text{短い時間} = \Delta x$$

x 秒　　$x + \Delta x$ 秒

Δx 秒

ここから，1秒後までの落下距離である「5メートル」を差し引けば，Δx の間に落下する「短い距離」が求められる。すなわち，下のようになる。

$$\{5(\Delta x)^2 + 10\Delta x + 5\} - 5$$
$$= 5(\Delta x)^2 + 10\Delta x$$

この，短い距離「$5(\Delta x)^2 + 10\Delta x$」を，短い時間「$\Delta x$」で

割れば，その平均速度は，

$$\{5(\Delta x)^2 + 10\Delta x\} \div \Delta x$$
$$= 5\Delta x + 10$$

とわかる。最後に，Δx をかぎりなく0に近づけると，

$$5\Delta x + 10 \rightarrow 0 + 10 = 10$$

となる。こうしてついに，1秒後の瞬間の速度が「秒速10メー

トル」と求められた。

一連の計算には，0÷0は登場しない。また，基本的には小学生でもできる計算しかしていない。「微分はむずかしくない」ということが，実感いただけただろうか。

※：「Δ とxを掛ける」という意味ではなく，Δxで一つの変数をあらわしている。

短い距離 ÷ 短い時間

$$= \{10x \times \Delta x + 5(\Delta x)^2\} \div \Delta x$$
$$= 10x + 5\Delta x$$

最後に，Δx をかぎりなく0に近づけると（$\Delta x \rightarrow 0$），

$$10x + 5\Delta x \rightarrow 10x + 0 = 10x$$

x秒後の瞬間の速度は **秒速10xメートル** と求められた。

こうして，x秒後の瞬間の速度をあらわす新しい関数，$y' = 10x$ が得られた。
これを，$y = 5x^2$ の「導関数（どうかんすう）」という。
また，ある関数から，その導関数を求めることを「微分する」という。

ある関数が，$y = ax^n$ の形であらわせるとき，その導関数は，
$$y' = anx^{n-1}$$ （y'は導関数をあらわす記号）
という公式を使って求められる。

Newton

瞬間の速度は「接線の傾き」にあらわれる

　高校の数学で微分を学ぶとき，「微分とは接線の傾きを求めること」だと教えられる。微分と接線は，どのような関係にあるのだろうか。

　落下するリンゴについて，横軸（x軸）を時間，縦軸（y軸）を落下距離とすると，時間と落下距離の関数 $y = 5x^2$ は，下の①のような曲線（グラフ）であらわせる。このような形の曲線は「放物線」とよばれる。

　②は，接線と放物線のちがいを見やすくするため，グラフの横軸を10倍に拡大したものだ。この②を使って，手を放してから1秒後のリンゴ，つまり，点（1，5）での瞬間の速度を求めなおしてみよう。

　短い時間（Δx）が1のとき，1秒から Δx 秒後のリンゴは，点（2，20）になる。ここで，点（1，5）と点（2，20）を結ぶ斜めの直線を引くと，②の黄色い

「短い時間」をゼロに近づけると？

リンゴの落下時間（秒）を x 軸，落下距離（メートル）を y 軸にとってグラフをえがく。$x = 1$（秒）からの短い時間 Δx を，1秒または0.5秒とすると，その間の平均速度はそれぞれ，②および③にえがかれる三角形の斜辺の傾きとして求められる。Δx をかぎりなく0に近づけると（④），$x = 1$ での「瞬間の速度」が，$x = 1$ における「接線の傾き」として得られる。

①

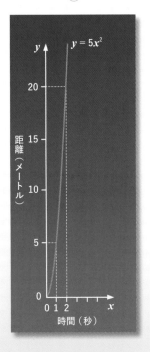

横軸を10倍に
拡大して表示 →

②

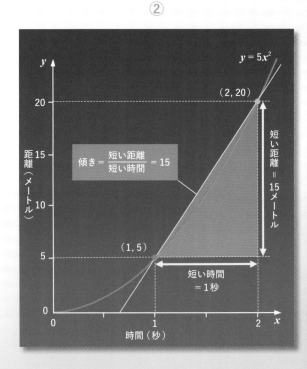

直線になる。この直線は，何を意味するのだろうか。

直線の傾きは「坂道の傾き」と同じ意味

坂道で「10％」などと書かれた道路標識を見たことはないだろうか。これは，「水平方向に100メートル進む間に，垂直方向に10メートル（水平方向の10％）登る」という，坂の傾きの度合いを示したものだ。このように，坂の傾きは「垂直方向の差÷水平方向の差」であらわすことができる。

②の黄色い直線も，坂道に見立てることができる。この"坂道"の傾きは「短い距離÷短い時間」となるが，これは前節でみた，瞬間の速度を求めるための計算そのものだ。

Δxを，0.5秒（③）→0.1秒→0.01秒…とどんどん小さくしていくと，二点を結ぶ直線の傾きは，どんどん「瞬間の速度」に近づいていく。そして，Δxをかぎりなく0に近づけたとき，二点は一致して一点となり，その一点で放物線に接する直線が得られる（④の黄色い直線）。これが「接線」であり，その傾き（瞬間の速度）を得ることが「微分」なのである。

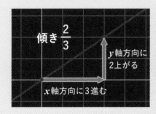

直線の傾きのあらわし方（→）
直線の傾きの値は，直線が右上がりのときは「プラス」，右下がりのときは「マイナス」，水平のときは「ゼロ」になる。

左図：傾き $\frac{2}{3}$　x軸方向に3進む，y軸方向に2上がる

右図：x軸方向に3進む，y軸方向に2下がる　傾き $-\frac{2}{3}$

③

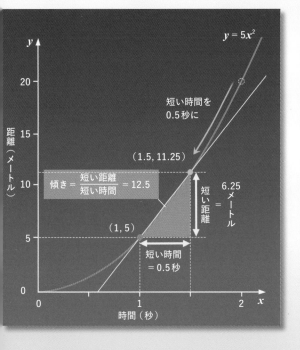

$y = 5x^2$
短い時間を0.5秒に
(1.5, 11.25)
傾き $= \dfrac{短い距離}{短い時間} = 12.5$
短い距離 $= 6.25$メートル
(1, 5)
短い時間 $= 0.5$秒
距離（メートル）／時間（秒）

④

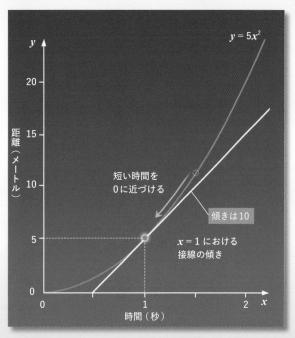

$y = 5x^2$
短い時間を0に近づける
傾きは10
$x = 1$における接線の傾き
距離（メートル）／時間（秒）

接線の傾きから
ボールの運動についての情報を読み解く

前節では，物事の変化を曲線であらわし，その接線の傾きを調べることが微分であることをみた。では，接線の傾きを調べると，どのようなことがわかるのだろうか。

今，ある人がボールを真上に投げた。投げてからx秒後のボールの高さ（メートル）が関数$y = -5x^2 + 20x$であらわせるとき，ボールは何秒で最高点に達し，高さ何メートルまで届くだろうか。

右ページ①は，$y = -5x^2 + 20x$をあらわしたグラフだ（見やすくするため，横軸を10倍に拡大している）。27ページで紹介した公式を使ってこの式を微分すると，導関数$y' = -10x + 20$が得られる。この関数をあらわした右ページ②は，①のさまざまな点（さまざまな瞬間）での接線の傾き（ボールの瞬間の速度）をあらわしている。

投げてからボールが上昇している間は，接線の傾きは「プラス」である。これは，上向き（プラス）の速度をもっていることを意味する。最高点では，接線の傾きは「ゼロ」（水平）になる。つまり速度はゼロだ。そしてボールが下降している間は，接線の傾きは「マイナス」になる。これは，下向き（マイナス）の速度をもっていることを意味する。

接線の傾きがゼロになる時刻，すなわちボールが最高点に到達するx秒後とは，②を見ると2秒後であることがわかる。そして，これ（$x = 2$）を元の関数$y = -5x^2 + 20x$に代入すれば，最高点は「20メートル」（ビルのおよそ7階）であることがわかる。

このように，微分によって接線の傾きを調べると，さまざまな物事の変化のようす，「ふえているか／減っているか」や，最大値（極大値）／最小値（極小値）などを読み解くことができるのだ。

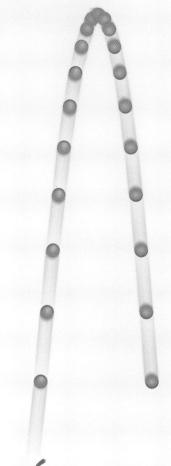

微分のポイント

- **微分とは「瞬間の変化の度合い」を知ること**
  物事の変化について，「瞬間の変化の度合い」を知ることが微分。たとえば時間とともに距離が変化するとき，微分によって「瞬間の速度」がわかる。

- **微分とは「接線の傾き」を求めること**
  物事の変化（距離の時間変化など）をあらわす関数のグラフにおいて，ある点での「接線の傾き」を求めることが微分。接線の傾きは，そのときの「瞬間の変化の度合い」をあらわしている。

- **関数を微分すると「導関数」が得られる**
  関数を微分すると，「瞬間の変化の度合い」をあらわす新しい関数（導関数）が得られる。

関数　$y = ax^n$

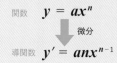

微分

導関数　$y' = anx^{n-1}$

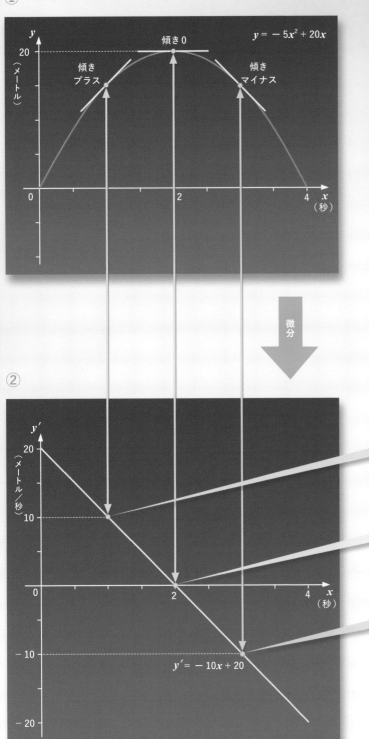

①

傾き0

$y = -5x^2 + 20x$

20

(メートル)

傾き
プラス

傾き
マイナス

0 2 4 x
(秒)

真上に投げてからx秒後のボールの
高さ（メートル）が，関数$y = -5x^2 + 20x$であらわせるとする（グラフ
①）。これを微分して得られる導関数
（グラフ②）を見ると，ボールの初速
（秒速20メートル）や最高点（高さ
20メートル）など，ボールの運動につ
いてのさまざまな情報が読み解ける。

微分

②

y'

20

(メートル／秒)

10

0 2 4 x
(秒)

$y' = -10x + 20$

−10

−20

接線の傾きがプラスの値
＝ボールは「上昇中」

接線の傾きが0
＝ボールは「最高点」

接線の傾きがマイナスの値
＝ボールは「下降中」

かぎりなくゼロに近づける「極限」という考え方

下図・左下に書かれた式は，関数 $y - f(x)$ 上の離れた二点を結んだ「直線の傾き」をあらわしている。$y = f(x)$ の，$x = a$ における接線の傾きは，この式の極限をとることで，はじめて求められる。

関数での「極限をとる」とは，変数の値を0にすることなく0

関数上の離れた二点を結ぶ「直線の傾き」

> 関数 $y = f(x)$ であらわされる曲線上の二点AとBを結んだ直線ABの傾きを，式であらわしてみよう。

点Aの座標を $(a, f(a))$ とする。同じ曲線上にある，点Aとは別の「点B」を考える。点Aと点Bは，x 軸方向に「Δx」だけ離れているものとする。
このとき，点Bの座標は $(a + \Delta x, f(a + \Delta x))$ とあらわすことができる。

点Aと点Bを結び，直線を引く。すると，この直線の傾きは，下のようにあらわすことができる。

直線ABの傾き

$$= \frac{f(a + \Delta x) - f(a)}{\Delta x}$$

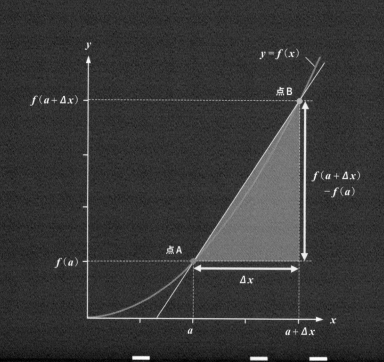

に近づける操作のことで，ここまでに何度か登場した「かぎりなく0に近づける」ことを数学的に表現したものだ。式では，

$$\lim_{\Delta x \to 0} \frac{f(a + \Delta x) - f(a)}{\Delta x}$$

とあらわす。

limは英語の「limit」に由来する記号で，「リミット」と読む。またlimの下の部分で，どの記号をどの値に近づけるかを指定している（ここでは，Δxを0に近づける）。

この式の定数aを変数xで置きかえたものが，$f(x)$の導関数の定義になる。

関数上のある点における「接線の傾き」

関数 $y = f(x)$ の，点A（$x = a$）における接線の傾きを式であらわしてみよう。

左ページで見た直線ABは，点Aの接線ではない。ところが，曲線に沿って点Bを点Aに近づけると，直線ABは点Aの接線に近づく（下図）。

点Bが点Aに近づくということは，「Δxがゼロに近づく」と言いかえることができる。つまり，Δxがかぎりなくゼロに近づくとき，「直線ABの傾き」が「点Aの接線の傾き」にかぎりなく近づくのだ。このことは，下のようにあらわせる。

点Aにおける接線の傾き

$$= \lim_{\Delta x \to 0} \frac{f(a + \Delta x) - f(a)}{\Delta x}$$

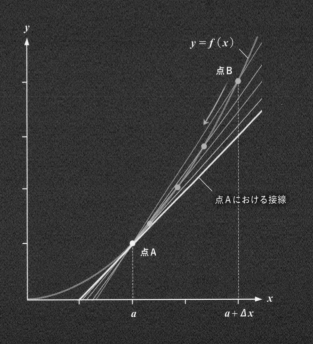

積分とはグラフの「線の下側の面積」を求めること

　ここからは，積分についてみていこう。例として，微分のときと同様に，速度計がついた自転車に乗っている状況を考える。

　あなたは今，下り坂でペダルをこがずに加速したあと，平らな道ではペダルをこいで一定の速度を維持して走るものとする。このときの速度の変化をあらわしたのが，右ページ上のグラフだ。

　平らな道を同じ速度で走っているとき，速度から走行距離を求めるのは簡単だ。たとえば，秒速5メートルで5秒間走れば，25メートル走ったことがわかる。計算式であらわせば，5（メートル／秒）×5（秒）＝25（メートル）となる。右上のグラフで考えれば，この計算式は速度をあらわす線の下側の面積（青い四角形の面積）を求めることに相当する。つまり，**速度の線の下側の面積が，進んだ距離の値に対応しているのだ。**

　この対応関係は，速度が一定でないときにもあてはまる。すなわち，下り坂で自転車が一定の度合いで加速しているときに進んだ距離は，**右上のグラフの赤い三角形の面積を求めればよいのである。**自転車の速度が5秒間で，秒速0メートルから秒速5メートルまで速くなっているので，底辺5×高さ5÷2＝12.5（メートル）となる。

　積分とは，簡単にいえば「線の下側の面積を求めること」だ。速度の時間変化を示したグラフでは，積分することで，進んだ距離を求めることができる。

下り坂では
一定の度合いで
加速

面積から走行距離がわかる

右上のグラフを見ると，下り坂では一定の度合いで加速するため，速度は右上がりの直線となる（速度の変化の度合いを「加速度」という）。そして平らな道では，速度を維持して走るので，グラフは水平な（ずっと同じ値の）直線となる。

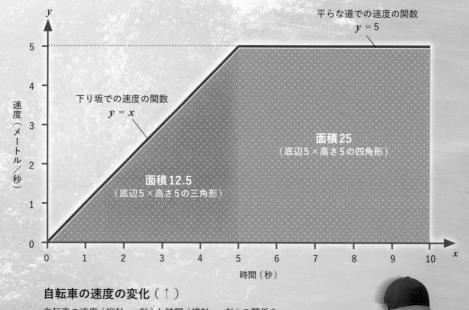

平らな道での速度の関数
$y = 5$

下り坂での速度の関数
$y = x$

面積25
（底辺5×高さ5の四角形）

面積12.5
（底辺5×高さ5の三角形）

時間（秒）

速度（メートル／秒）

自転車の速度の変化（↑）

自転車の速度（縦軸，y軸）と時間（横軸，x軸）の関係を
グラフにした。速度を示す線の下側（速度を示す線と，横
軸［x軸］にはさまれた領域）の面積が，自転車が走行した
距離となっている。

平らな道では
加速せずに
一定の速度で走行

加速度が一定でない場合はどのように面積を求める?

前節のように，一定の度合いで自転車を加速したり，同じ速度で走ったりする場合は，速度の時間変化を示したグラフの線が直線になるため，その下側の面積を求める（積分する）ことは簡単だ。それぞれの公式を使って，四角形や三角形の面積を求めればよいためだ。

では，下り坂でペダルをこぐ力を少しずつ強くしていったらどうなるだろうか。この場合，**速度の変化が一定ではないので，グラフは下図のような曲線になる**。曲線の下側の面積を求めることは，これまでの知識だけでは簡単にできそうもない。

曲線の下側の面積を求める方法の一つに，「区分求積法」がある。これは**積分の技法の一つ**で，「**細長い長方形**」を並べるというものだ。右ページの図を見るとわかるように，長方形と曲線の間には必ず，すき間や飛びだす部分がある。これらは，“正しい面積”を求めるうえで誤差を生む原因となる。

長方形の幅をよりせまくしていけば（より細かく分割していけば），曲線と長方形の間のすき間や，正しい面積との誤差は，より小さくなっていく。そして，**長方形の幅をかぎりなく0に近づけていくと，究極的には誤差がなくなり**，曲線の下側の面積を正確に求めることができるというわけだ。

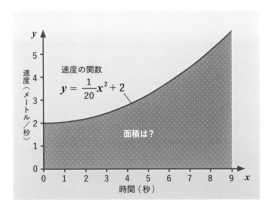

区分求積法

区分求積法の例を示した。図では9分割しているが，右下で示したように細かく分割するほど，誤差が少なくなることがおわかりいただけるだろう。

自転車の速度は，$y = \frac{1}{20}x^2 + 2$ であらわされるものとし，0〜9秒までの間に進んだ距離（面積）を求めると「30.15（メートル）」となる。なお，正確な値は次節で説明する積分の公式を使うと求めることができる。

曲線の下側の正しい面積は，30.15

9個の長方形に分割
1個の長方形の底辺の長さは1

① 底辺1×高さ2.0125 ＝面積2.0125
② 底辺1×高さ2.1125 ＝面積2.1125
③ 底辺1×高さ2.3125 ＝面積2.3125
④ 底辺1×高さ2.6125 ＝面積2.6125
　（中略）
⑨ 底辺1×高さ5.6125 ＝面積5.6125

9個の長方形の面積の合計は，
30.1125
（誤差は0.0375）

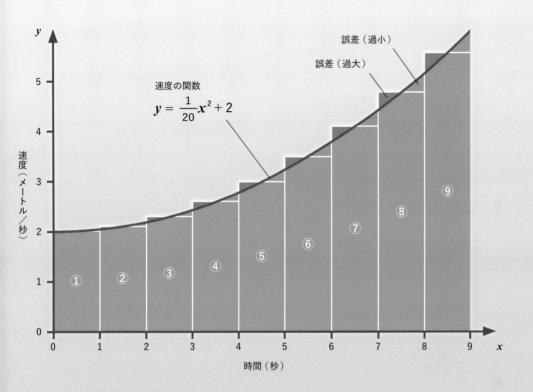

誤差（過小）

誤差（過大）

速度の関数

$$y = \frac{1}{20}x^2 + 2$$

速度（メートル／秒）

時間（秒）

① ② ③ ④ ⑤ ⑥ ⑦ ⑧ ⑨

18個の長方形に分割

1個の長方形の底辺の長さは0.5

---

① 底辺0.5×高さ2.003125＝面積1.0015625

② 底辺0.5×高さ2.028125＝面積1.0140625

③ 底辺0.5×高さ2.078125＝面積1.0390625

④ 底辺0.5×高さ2.153125＝面積1.0765625

（中略）

⑱ 底辺0.5×高さ5.828125＝面積2.9140625

18個の長方形の面積の合計は，

30.140625

（誤差は0.009375）

36個の長方形に分割

1個の長方形の底辺の長さは0.25

---

① 底辺0.25×高さ2.0007813＝面積0.5001953

② 底辺0.25×高さ2.0070313＝面積0.5017578

③ 底辺0.25×高さ2.0195313＝面積0.5048828

④ 底辺0.25×高さ2.0382813＝面積0.5095703

（中略）

㊱ 底辺0.25×高さ5.9382813＝面積1.4845703

36個の長方形の面積の合計は，

30.147656

（誤差は0.002344）

誤差が生じない
"面積"の求め方

これまでみてきたように，距離の時間変化を示す曲線の接線の傾きを求める（微分する）と，速度がわかった。一方，速度の時間変化を示す直線や曲線の下側の面積を求める（積分する）と距離がわかった。つまり，**速度を積分したあとで微分すると，ふたたび速度の情報が得られることになる。これは，微分と積分が「逆」であることを意味している。**

前節の自転車の例で考えてみよう。速度をあらわす関数（$y = \frac{1}{20}x^2 + 2$）を積分すれば，走行距離（面積）をあらわす関数が得られる。逆に「微分すれば，$y = \frac{1}{20}x^2 + 2$になる関数」を求めれば，それは「走行距離（面積）をあらわす関数」であるというわけだ。その関数とは，具体的には，$y = \frac{1}{60}x^3 + 2x + C$となる。ここに $x = 9$（秒）を代入した値から，$x = 0$（秒）を代入した値を引けば，9秒間の正確な走行距離「30.15」が求められる。

区分求積法は，速度の時間変化を示すグラフの曲線の下側の面積を求めることができるが，計算がめんどうで手間がかかる。また，無限に細かく分割すれば正しい面積を求められるが，有限の個数で分割するかぎりは必ず誤差が生じてしまう。**微分と積分が逆であることがわかっていれば，区分求積法を使うことなく，正確な距離（面積）が求められるのだ。**

微分積分学の基本定理（→）

微分と積分は「逆」であるという意味を，模式的にえがいた。右ページの三つのグラフは，リンゴなどが自由落下するような物理現象において，上から「加速度」「速度」「距離（落下距離）」の時間変化をあらわしたものである。

加速度の関数を積分すると，速度の関数が得られる。速度の関数をさらに積分すると，距離の関数が得られる。逆に，距離を微分すると速度，速度を微分すると加速度の関数が得られる。

積分のポイント

● **積分とは「グラフの面積」を求めること**
物事の変化（速度の時間変化など）をあらわす関数のグラフをえがいたときに，直線や曲線の下側の領域（横軸との間の領域）の面積を求めることが「積分」。

● **積分には，さまざまな方法がある**
積分には，直線や曲線の下側の領域を細長い長方形に分割して面積を求める「区分求積法」などの技法がある。

● **関数を積分すると「原始関数」が得られる**
関数を積分すると，その関数が示す直線・曲線の下側の領域の面積をあらわす新たな関数が得られる。この新たな関数を「原始関数（げんしかんすう）」とよぶ。
微分積分学の基本定理によると，微分と積分は逆なので，「微分すると元の関数にもどる関数」こそが，原始関数である。関数 $y = ax^n$ を積分して得られる原始関数は，以下の公式で得られる。積分の記号や，C（積分定数）については，このあとの節でくわしく説明する。

関数 $\quad y = ax^n$

積分 ↓ ↑ 微分

原始関数 $\displaystyle\int y\,dx = \frac{a}{n+1}x^{n+1} + C$

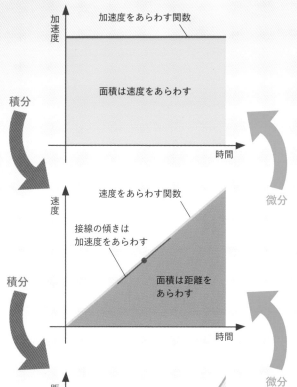

**速度を微分すると
「加速度」に**

速度の関数を微分する
と，加速度の関数（速度
の曲線の接線の傾きを
求めるための関数）が
得られる。なお，左の図
では速度が直線のため，
速度の直線と接線は一
致し，接線の傾き（加速
度）は一定である。

**加速度を積分すると
「速度」に**

加速度の関数を積分する
と，速度の関数（加速度の
線の下側の面積を求めるた
めの関数）が得られる。

**距離を微分すると
「速度」に**

距離の関数を微分する
と，速度の関数（距離の
曲線の接線の傾きを求
めるための関数）が得ら
れる。

**速度を積分すると
「距離」に**

速度の関数を積分すると，
距離の関数（速度の線の下
側の面積を求めるための関
数）が得られる。

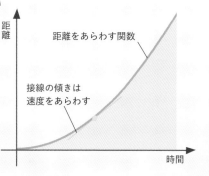

ニュートンと微積分

今では，数学の授業などでペアとして取りあつか
われる微分と積分だが，実は17世紀までは無関係
の別の方法として発展した。しかし，微分と積分
は「逆」の計算であることをニュートンが見抜
き，微分と積分を一つの学問として統一した。

微分と積分の記号は どのような意味をもつのか

　私たちが主に使う微分と積分の記号は，17世紀の哲学者であり数学者であるライプニッツが考案したものだ。ライプニッツは当時人間の思考を記号で書きあらわす「記号論理学」を研究しており，新しい記号を考案する能力にすぐれていたといわれている。

"d" はディファレンシャルのディー

　微分では，関数 $y = f(x)$ を微分した関数（導関数）を，「y'」や「$\frac{dy}{dx}$」などと書く。$\frac{dy}{dx}$ は，全体で微分（導関数）をあらわす一つの記号であり，分数ではない。読み方も「ディーワイ・ディーエックス」であり，分数のように「ディーエックス分のディーワイ」とは読まない。

　微分は英語で，「差」という意味をもつ「differential」という単語であらわされる。d はこの

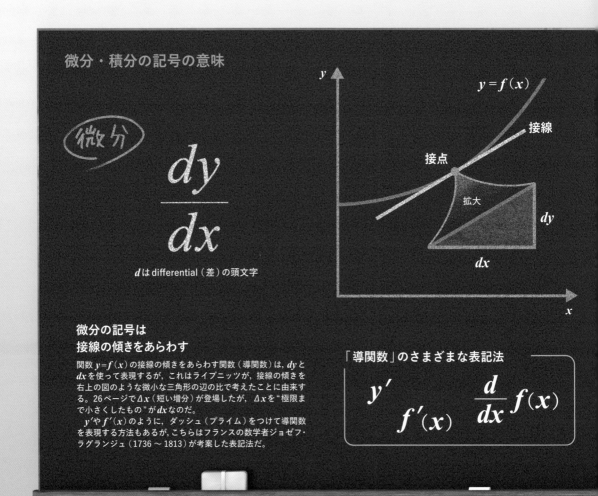

微分・積分の記号の意味

微分

$$\frac{dy}{dx}$$

d は differential（差）の頭文字

$y = f(x)$

接線

接点

拡大

dy

dx

微分の記号は 接線の傾きをあらわす

関数 $y = f(x)$ の接線の傾きをあらわす関数（導関数）は，dy と dx を使って表現するが，これはライプニッツが，接線の傾きを右上の図のような微小な三角形の辺の比で考えたことに由来する。26ページで $\varDelta x$（短い増分）が登場したが，$\varDelta x$ を"極限まで小さくしたもの"が dx なのだ。
　y' や $f'(x)$ のように，ダッシュ（プライム）をつけて導関数を表現する方法もあるが，こちらはフランスの数学者ジョゼフ・ラグランジュ（1736～1813）が考案した表記法だ。

「導関数」のさまざまな表記法

$$y' \qquad \frac{d}{dx} f(x)$$
$$f'(x)$$

頭文字で，*dy*や*dx*はそれぞれ，*y*や*x*の「微小な増分（差分）」という意味だ。

積分記号は「s」を引きのばしたもの

一方積分では，関数$y = f(x)$が示す線の下側の面積を求める関数（原始関数）を「$\int y dx$」と書く。$\int$は「インテグラル」と読む。積分は英語で，「全体」という意味をもつ「integral」（インテグラル）という単語であらわされるが，こちらはスイスの数学者ヤコブ・ベルヌーイ（1654 ～ 1705）らが，積分のことをさす用語として使いはじめたものだ。

$\int$の記号を考案したライプニッツ自身は，積分のことをラテン語で"calculi summatorius"（和を求める計算）とよんでいた。$\int$はもともと，「和・総和」という意味をもつラテン語"summa"の頭文字"s"のイタリック体（斜体）だといわれている。

なお，微分と積分には，ライプニッツが考えたもの以外にもさまざまな表記法がある。たとえばニュートンも独自の記号（たとえば，*x*を時間で微分したものを$\dot{x}$と書くなど）を考案したが，現在ではあまり利用されていない。

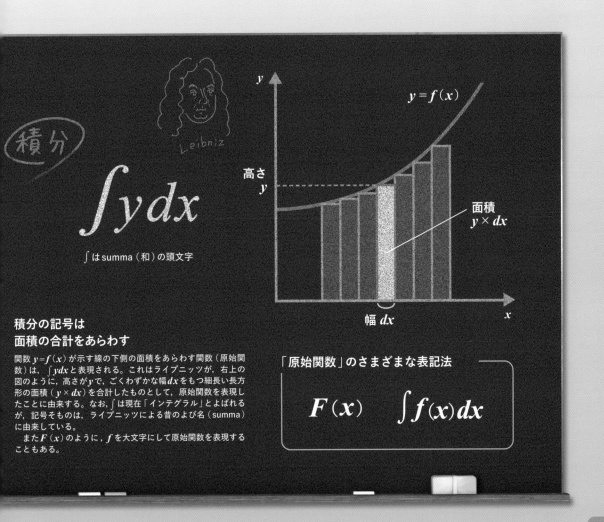

積分の記号は面積の合計をあらわす

関数$y = f(x)$が示す線の下側の面積をあらわす関数（原始関数）は，$\int y dx$と表現される。これはライプニッツが，右上の図のように，高さが*y*で，ごくわずかな幅*dx*をもつ細長い長方形の面積（$y \times dx$）を合計したものとして，原始関数を表現したことに由来する。なお，$\int$は現在「インテグラル」とよばれるが，記号そのものは，ライプニッツによる昔のよび名（summa）に由来している。

またF（*x*）のように，*f*を大文字にして原始関数を表現することもある。

積分

$$\int y dx$$

$\int$はsumma（和）の頭文字

Leibniz

$y = f(x)$

高さ *y*

面積 $y \times dx$

幅 *dx*

「原始関数」のさまざまな表記法

$$F(x) \quad \int f(x) dx$$

積分するとあらわれる
積分定数「C」

　関数を積分して得られる原始関数には,「C」が登場した。これは「積分定数」とよばれるものだ。微分して得られる導関数には登場しなかったが,積分定数とはいったい何なのだろうか。そして,なぜ積分に限って登場するのだろうか。

微分で消えた
定数のかわり

　まず,$y = x^2$,$y = x^2 + 2$,$y = x^2 - 3$という関数を微分してみよう。三つをそれぞれ微分すると,いずれの関数も,導関数は$y = 2x$となる(右ページ図)。元の関数にあった「＋2」や「－3」などの項(定数項)は,接線の傾きに関係ないため,微分すると消えてしまう。

　では今度は,得られた導関数を積分してみよう。すると,$y = 2x$の原始関数は,$y = x^2 + C$となる。

　微分と積分は「逆」なので,微分して積分すると,元の関数にもどるはずだ。ところが元の関数にあった定数項は,微分によって失われてしまったので,$y = 2x$という関数からは,微分する前の関数にどのような定数がついていたかを知ることはできない。

　つまり積分定数Cとは,元の関数に存在はしていたものの,具体的に特定することができない定数のかわりに置いてある記号なのである。

　なお,元の関数が通る点の座標が一点でもわかれば,Cの値を特定することができる。たとえば前述の例で,微分する前の関数が点(1,3)を通ることがわかったとしよう。Cを含む原始関数$y = x^2 + C$に,$x = 1$,$y = 3$を代入すれば,$C = 2$であることがわかる。

不定積分と
定積分

　実は,厳密にいえば,積分には「不定積分」と「定積分」という2種類がある。

　$y = 2x$を積分すると,原始関数は$y = x^2 + C$になる。積分定数Cは特定できない定数をあらわしているので,この$y = x^2 + C$という式は,$y = 2x$がとりうるさまざまな原始関数"全体"をあらわしていると考えることができる。そこで,この$y = x^2 + C$を,$y = 2x$の不定積分とよぶ。

　一方,定積分とは,ある特定の範囲で,関数が示す直線の下側の領域の面積を求める(積分する)ことをいう。たとえば,$y = 2x$とx軸に囲まれた領域のうち,xが1から2の範囲の面積を求めるような場合だ。

　ある関数を単に「積分する」といった場合,それは原始関数に積分定数Cをつけた「不定積分」を求める計算のことをさす。一方,ある関数を「xについて1から2まで積分する」といったように,範囲を指定した場合は,「定積分」を求める計算になる(定積分の方程式については,206ページで紹介している)。

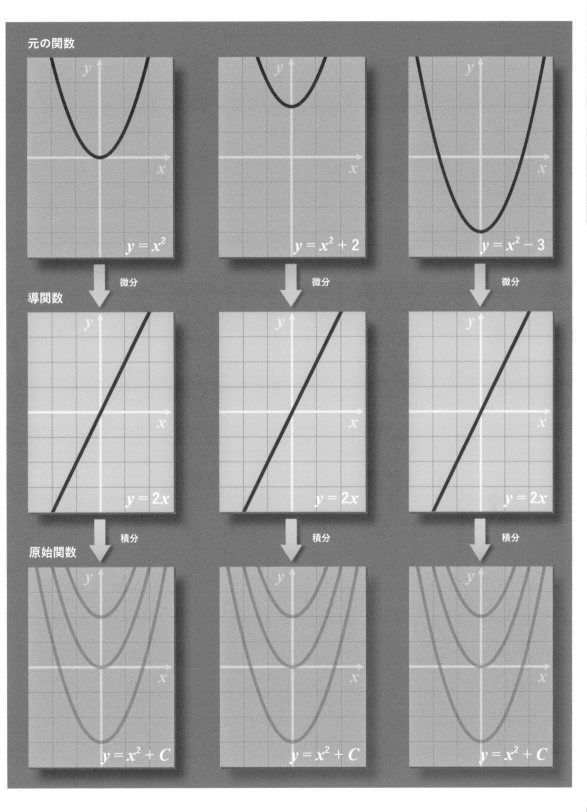

元の関数

$y = x^2$　$y = x^2 + 2$　$y = x^2 - 3$

微分　微分　微分

導関数

$y = 2x$　$y = 2x$　$y = 2x$

積分　積分　積分

原始関数

$y = x^2 + C$　$y = x^2 + C$　$y = x^2 + C$

積分と
三つの立体図形の体積

球の体積の公式，$\frac{4}{3}\pi r^3$を学校で習ったとき，「身（3）の上に心配（4π）ある（r）ので参上（3乗）」などと，丸暗記した人も多いだろう。この公式を"見て理解できる方法"でみちびいてみよう。

まず，「円錐（えんすい）」と，球を2等分した「半球」，そして「円柱」を考える。ただし，円柱の中に円錐または半球がぴったり入る関係だとする（右図）。結論からいうと，これらの円錐，半球，円柱の体積の比は，不思議なことに「1：2：3」という，きれいな整数比になる（下図）。ほかの表現をすると，

円柱の体積（3）
＝円錐の体積（1）
　＋半球の体積（2）

　　　　　　…… ☆

ということになる。

円柱と円錐の体積をそれぞれ求めてみると，円柱の体積は「底面積［πr^2］×高さ［r］＝πr^3」，円錐の体積は「底面積［πr^2］×高さ［r］×$\frac{1}{3}$＝$\frac{1}{3}\pi r^3$」である。

これらの円柱と円錐の体積の式と☆の関係式から，半球の体積（＝円柱の体積－円錐の体積）は，$\frac{2}{3}\pi r^3$になる。そうすると球の体積はこの2倍で，$\frac{4}{3}\pi r^3$ということになる（→46ページにつづく）。

● 円錐・半球・円柱の不思議な関係

円柱にぴったりと入る半球と円錐を考える。このとき，円柱と円錐の高さは，半球の半径に等しくなる。また，円柱と円錐の底面積は，半球の断面積（図の上面）に等しい。この関係を満たす円錐，半球，円柱の体積比は1：2：3となり，「円柱の体積＝円錐の体積 ＋ 半球の体積」となる。

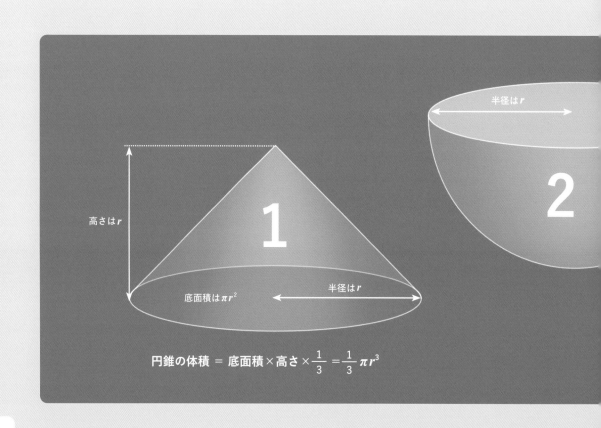

高さはr

半径はr

底面積はπr^2

半径はr

円錐の体積 ＝ 底面積×高さ×$\frac{1}{3}$＝$\frac{1}{3}\pi r^3$

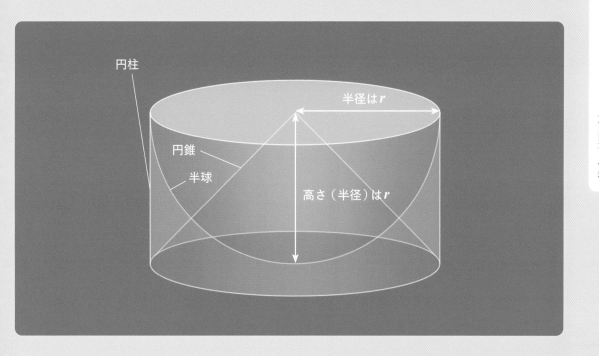

円柱

半径は r

円錐
半球

高さ（半径）は r

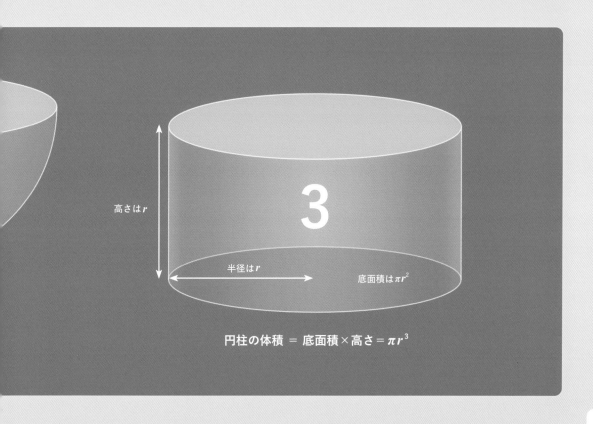

高さは r

半径は r

底面積は πr^2

3

円柱の体積 ＝ 底面積×高さ ＝ πr^3

では，☆の関係式を幾何学的にみちびいてみよう。下図のように，円柱と円錐，半球をそれぞれ同じ高さで水平に切ってできる薄い円板を考える。すると，どんな高さで切ろうとも，

円柱の断面の円の面積

＝円錐の断面の円の面積
＋半球の断面の円の面積
‥‥‥★

という関係がつねに成り立つことになる（証明は，各図形の下に添えた）。

それぞれの薄い円板の体積

は，「断面の円の面積×円板の厚さ（高さ）」で計算できる※。つまり★の式は，

円柱での薄い円板の体積
＝円錐での薄い円板の体積
＋半球での薄い円板の体積
‥‥‥★★

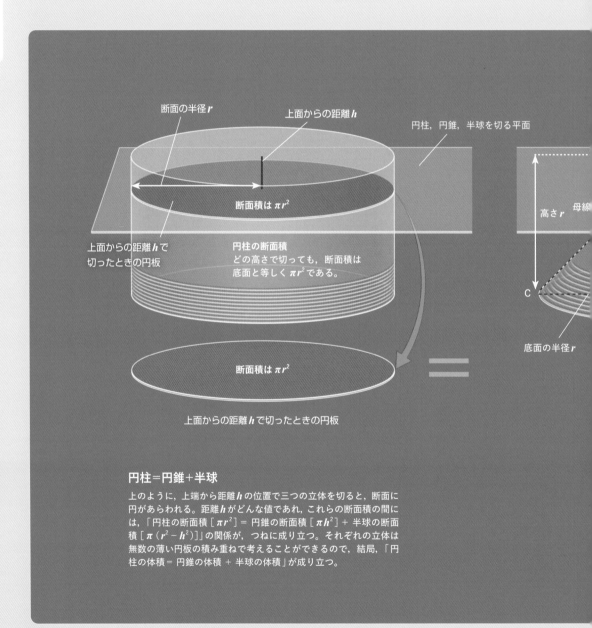

断面の半径 r

上面からの距離 h

円柱，円錐，半球を切る平面

断面積は πr^2

上面からの距離 h で切ったときの円板

円柱の断面積
どの高さで切っても，断面積は底面と等しく πr^2 である。

高さ r　母線

C

底面の半径 r

断面積は πr^2

＝

上面からの距離 h で切ったときの円板

円柱＝円錐＋半球

上のように，上端から距離 h の位置で三つの立体を切ると，断面に円があらわれる。距離 h がどんな値であれ，これらの断面積の間には，「円柱の断面積 [πr^2] ＝ 円錐の断面積 [πh^2] ＋ 半球の断面積 [$\pi(r^2 - h^2)$]」の関係が，つねに成り立つ。それぞれの立体は無数の薄い円板の積み重ねで考えることができるので，結局，「円柱の体積 ＝ 円錐の体積 ＋ 半球の体積」が成り立つ。

と書きかえられるわけだ。

また，元の三つの立体図形の体積は，このような無数の薄い円板の体積を，すべて足しあわせたものだと考えることができる。これはつまり，「積分」の考え方である。

どの高さの円板でも，★★の

関係が成り立つわけだから，無数の円板をすべて足しあわせた全体の体積でも同じ関係が成り立つはずだ。つまり★★の式は，「円柱の体積＝円錐の体積＋半球の体積」と書きかえることができる。これが，求めたかった☆の関係式である。

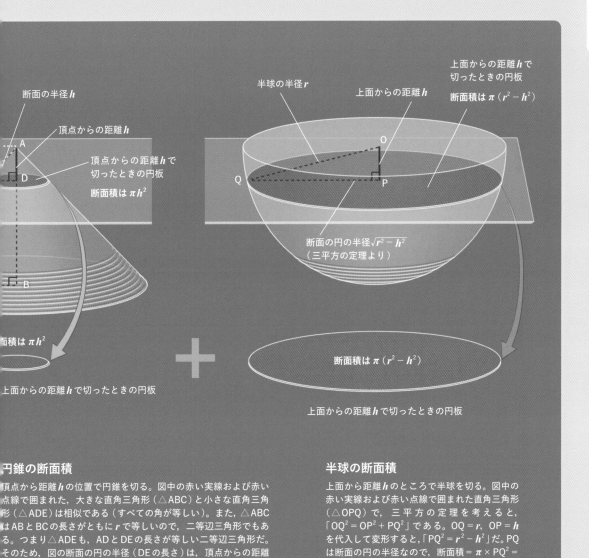

断面の半径 h

頂点からの距離 h

頂点からの距離 h で
切ったときの円板

断面積は πh^2

半球の半径 r

上面からの距離 h

上面からの距離 h で
切ったときの円板

断面積は $\pi (r^2 - h^2)$

断面の円の半径 $\sqrt{r^2 - h^2}$
（三平方の定理より）

面積は πh^2

上面からの距離 h で切ったときの円板

断面積は $\pi (r^2 - h^2)$

上面からの距離 h で切ったときの円板

円錐の断面積

頂点から距離 h の位置で円錐を切る。図中の赤い実線および赤い点線で囲まれた，大きな直角三角形（△ABC）と小さな直角三角形（△ADE）は相似である（すべての角が等しい）。また，△ABCはABとBCの長さがともに r で等しいので，二等辺三角形でもある。つまり△ADEも，ADとDEの長さが等しい二等辺三角形だ。そのため，図の断面の円の半径（DEの長さ）は，頂点からの距離 h（ADの長さ）に等しい。よって，断面積は πh^2 である。

半球の断面積

上面から距離 h のところで半球を切る。図中の赤い実線および赤い点線で囲まれた直角三角形（△OPQ）で，三平方の定理を考えると，「$OQ^2 = OP^2 + PQ^2$」である。$OQ = r$，$OP = h$ を代入して変形すると，「$PQ^2 = r^2 - h^2$」だ。PQは断面の円の半径なので，断面積 $= \pi \times PQ^2 = \pi (r^2 - h^2)$ である。

「ゼロ」でわかる 微分と積分

協力・監修　小山信也

　微分と積分は，古来人類がどうあつかえばよいのか悩みぬいてきた「ゼロ」と「無限」の"正しいあつかい方"を示してくれた数学だといえる。3章では，表裏一体の関係にあるこれら（ゼロと無限）の不思議にせまり，そこから生まれた微分と積分という観点で解説していく。

3

「ゼロ」から生まれた 微分と積分

　微分と積分は，古代からつづいた数学者たちのある "悩み" の中から生まれた。それは，「0に関する計算をどうあつかうべきか」というものだ。本章では，微分と積分を「0をあやつる数学」という観点からみていこう。また，0は摩訶不思議な概念である「無限」と表裏一体の関係にある。0と無限にひそむ不思議な性質についても，あわせて紹介する。

数としてのゼロは インドで生まれた

　私たちがふだん何気なく口にする「数」は，ものの個数を数えるために生まれたものだと考えられている。私たちは，何もないことをあらわすとき「ゼロ」を使うが，「0個のリンゴ」とはいわない。そう考えると，1から9までのほかの数とくらべて，0が不思議な存在に思えてくる。

　ゼロが "一人前の数" とみなされた，つまり加減乗除などの演算の対象とされたのは，6世紀ごろのインドが最初であるという説が有力だ。文献的には，紀元550年ごろの天文学書『パンチャシッダーンティカー』が最古である。それ以前は，0に相当する「記号」はあったが，計算の対象となる「数」だとはみなされていなかったのだ。

＊右の写真はイメージ（インドの寺院）。

「0−4＝0」…?
天才数学者をも悩ませた「ゼロの計算」

0は最初,「位取りの記号」として使われはじめた。たとえば,「2543」は,1000が2個（1000の位が2），100が5個（100の位が5），10が4個（10の位が4），1が3個（1の位が3）集まった数を意味する。このような数のあらわし方（位取り記数法）は現代でも一般的だが,位が"空"であることを示す記号が必要になってくる。たとえば,「2503」は10の位が空であることを意味し,このような0は「空位記号」とよばれる。

6世紀ごろのインドでは,板や皮の上にチョークで書いたり,砂や粉をまいて指や棒で書いたりして筆算が行われていた。位取り記数法で筆算する場合,0を含む計算をする必要がある。たとえば,「2543＋2503」を筆算する場合,10の位で「4＋0」をする必要があるわけだ。

加えて,インドには位に1〜9の数字がないことをあらわす記号（メタシンボル）としての「ゼロ」が存在したという下地があったこともあり,0が計算の対象,すなわち数とみなされるようになっていったのではないかと考えられている。

0についての計算は,西洋でも長い混乱があった。たとえば,17世紀に活躍したフランスのブレーズ・パスカル（1623〜1662）は,「0−4＝0」だと考えた。0を何もない「無」と考えると,無からは何も引けない。そのため,0から何を引こうが0のままだと考えたようだ。

数のあらわし方と
0の計算（→）

右には0を含まない数のあらわし方の例を,右ページには位取り記数法と,0の計算を含む筆算の例を示した。

漢数字での「2503」のあらわし方

二千五百三

漢字を使った数のあらわし方には0,すなわち空位記号は必要ない。

ローマ数字での「2503」のあらわし方

MMDIII

Mは「1000」,Dは「500」,IIIは「3」をあらわす。

古代エジプトでの「2503」のあらわし方

左は植物のスイレンで「1000」（二つあるので2000），中央は縄で「100」（五つあるので500），右は3本の棒で「3」をあらわす。

位取り記数法

2503

0の計算を含む筆算（足し算）

$$
\begin{array}{r}
223 \\
+\ 105 \\
\hline
328
\end{array}
$$

0の計算を含む筆算（引き算）

$$
\begin{array}{r}
548 \\
-\ 202 \\
\hline
346
\end{array}
$$

数学と科学の天才 ブレーズ・パスカル

数学者や物理学者，哲学者として知られるブレーズ・パスカルは，1623年にフランスのオーベルニュ州のクレルモン・フェランで生まれた。パスカルは39歳の若さでこの世を去ったが，たとえば流体（気体や液体など）の圧力に関しての「パスカルの原理」などさまざまな功績を残している。なかでも広く知られているものの一つが，次のような話であろう。

確率論の基礎を築いた

ある日，パスカルは友人に次のようにたずねられた。「A・B二人が同じ金額の金を賭け，サイコロのどの目が出るかを指定したあとにサイコロを振るというゲームを行う。自分の選んだ目が先に3回出たほうが勝ちで，勝者が賭け金のすべてを受け取る。もし，Aの賭けた数が2回，Bの賭けた数が1回出たところでゲームを中断しなければならなかった場合，賭け金をどのように分配したらよいか」。

パスカルは，賭けた人の勝つ見込みの程度に応じて賭け金を分配すべきであることはわかったが，それをどのように計算したらよいかについては即答できなかった。その後2年あまりをかけ，友人の数学者ピエール・ド・フェルマーと協力してこの問題を解決する（解く）一般的

な方法を編みだした。つまりパスカルとフェルマーは，現在「確率論」とよばれている数学の基礎を築いた人物といえるのだ。

またパスカルは，確率論の問題と関係して「パスカルの三角形」とよばれるようになった三角形を考えだした。これは，数字を下図のように三角形に並べたものである。まず，いちばん上に1を，2行目に1・1を置く。3行目以下では，両端に1を置き，前の行のとなり合った二つの数の和を，両端の1の間に置いていく。このパスカルの三角形は，確率論と関係した組み合わせの理論や，たとえば$(1 + x)^4$の展開式，

$$(1 + x)^4$$
$$= 1 + 4x + 6x^2 + 4x^3 + x^4$$

の係数として出てくる。この場合，1・4・6・4・1は，パスカルの三角形の5行目の数に相当している。

人間は「考える葦である」

パスカルは，30歳を過ぎてから，神や信仰についてのさまざまな著述活動を行っている。晩年に書いた『キリスト教弁証論』という哲学・宗教思想の本（の断片）は，彼の死後『パンセ（瞑想録）』として出版された。パンセの中には，次のような有名な一節がある。

「人間は1本の葦であり，自然界で最も弱い存在である。しかしそれは考える

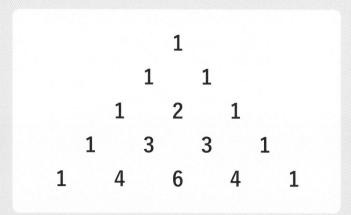

1
1　　1
1　　2　　1
1　　3　　3　　1
1　　4　　6　　4　　1

🍎 パスカルの三角形（↑）・パスカルの像（→）

パスカルの像は，彼の生誕地であるクレルモン・フェランの町中にある。

葦である」

　人間は自然の中では，水の流れにつねに影響を受ける葦のように，とても弱いものだ。そして，ほんの少しの環境の変化によって，自分が死んでしまう有限な存在であることを知っている。一方で，そうした環境の変化をいとも簡単に生みだすことができる宇宙が，いかにすぐれているかも知っている。つまり「知る」ということに，人間の尊厳があるのだと結論づけている。

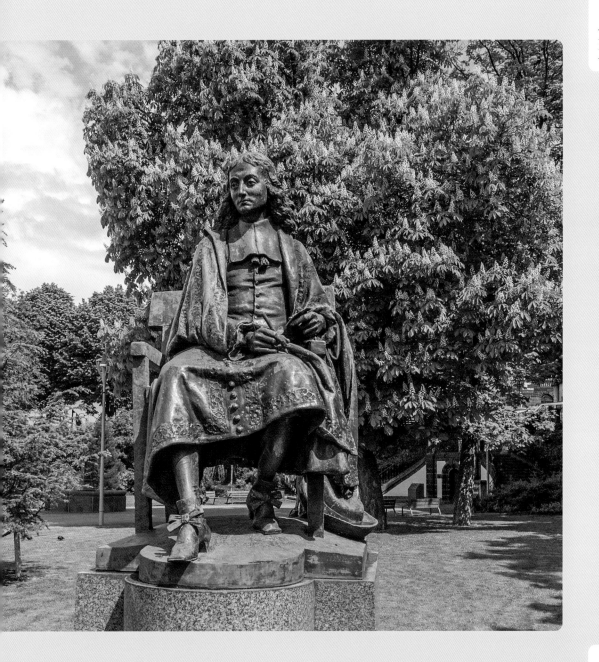

「0での割り算」が禁止である さまざまな理由

0の計算で，数学者たちをとくに混乱させたのが「0での割り算」である。「1÷0＝0」「0÷0＝0」などといった，現代からみるとあやまった計算がなされる場合もあったという。

現代では，「0で割ること」は禁止事項とされているが，「8÷0」などの0以外の数を0で割ることと，「0÷0」とでは，禁止されている理由がことなる。この問題を考えるために，そもそも割り算とは何なのかを考えてみよう。

割り算には，いくつかの考え方がある。たとえば，**8個のリンゴを4人で分けると，1人あたりいくつになるか（8を4等分するといくつになるか）といった考え方は，「等分除」とよばれる**。等分除では，8÷0は「8個のリンゴを0人で分けると1人あたりいくつになるか」となるので，答えようがない。

一方，**8個のリンゴを4個ずつに分けると何人に分けられるか（8に4はいくつ含まれるか）といった考え方は「包含除」と**よばれる。包含除では，8÷0は「8個のリンゴを0個ずつに分けると何人に分けられるか」となるので，こちらも答えようがない。

答えが存在しない「8÷0」 答えが決まらない「0÷0」

割り算は，「かけ算の逆の計算である」と考えることもできる。この場合，8÷0は「『$a \times 0 = 8$』を満たすaは何か」という問題だということになる。どんな数でも0を掛けると0なので，上の式を満たすaはない。つまり，8÷0は「**答えが存在しない**」のだ。

では，0÷0はどうだろうか。割り算はかけ算の逆だと考えると，『$a \times 0 = 0$』を満たすaは何か」という問題だということになる。とすると，この式を満たすaは「何でもよい」

ということになってしまう。$a = 1$でも，$a = 125$でも，上の式を満たすというわけだ。つまり，0÷0は「**答えが決まらない**」のである。

割り算の答え

2

8÷4

空っぽ
（答えが存在しない）

8÷0

「8÷0」と「0÷0」のちがい

箱の側面に書かれた式の答えを，箱の中のカードであらわした。8÷0など，0ではない数を0で割る場合，答えはない。0を0で割る場合，答えはどんな数でもかまわない。

答えが決まらない

$$0 \div 0$$

0での割り算の"答え"にせまる方法 それが「極限」

「0での割り算」の答えにせまる方法が、32ページで紹介した「極限」である。

xの値をかぎりなく0に近づけていくとき、$x+2$の値は2に近づいていく。これを、数学では「$\lim_{x \to 0}(x+2)=2$」とあらわす。$\lim$の下の「$x \to 0$」は、xの値をかぎりなく0に近づけていくことを意味している。

極限の考え方を使って、「$1 \div 0$」を考えてみよう。**0に近い小さな数で割り算を行い、割る数をどんどん小さくして、0に近づけていく。**「$1 \div 1 = 1$」「$1 \div 0.1 = 10$」「$1 \div 0.01 = 100$」「$1 \div 0.001 = 1000$」なので、**答えは際限なく大きくなっていくことがわかる。**これを、数学では「$\lim_{x \to +0}(1 \div x)=\infty$」とあらわす。$\infty$は「無限大」、また「$x \to +0$」と、0についた「+」は、「正(+)の側から$x$の値を0に近づけていく」ことを意味している。

さて、以上のことから「$1 \div 0$の答えは∞だ」と考えるのは早計である。そもそも極限は、「x（関数の変数）を0にすることなく0に近づけること」であり、$\lim_{x \to +0}(1 \div x)$の計算は、「$1 \div 0$」の答えそのものを求めているわけではないからだ。

ここで、xの値を「−1」からスタートさせてみよう。すると、「$1 \div (-1) = -1$」「$1 \div (-0.1) = -10$」「$1 \div (-0.01) = -100$」「$1 \div (-0.001) = -1000$」と、**際限なく絶対値の大きな負の数になっていく。**これを、数学では「$\lim_{x \to -0}(1 \div x)=-\infty$」とあらわす。

以上のことからわかるように、「$1 \div 0$」の答え、つまり極限は、**割る数をどちらから0に近づけるかによって、かわってくるのである。**

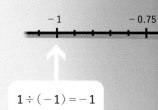

$$-1 \qquad -0.75$$

$$1 \div (-1) = -1$$

$\boxed{\text{反比例のグラフから考える極限（→）}}$

図は、$y = \frac{1}{x}$のグラフだ。ただし、縦軸と横軸の縮尺はかえてある。このグラフは、「$1 \div x$」の答えをあらわしている。xの値を1, 0.1, 0.01とどんどん0に近づけていくと、yの値は無限大（∞）に向かって際限なく大きくなっていくことがわかる。一方、xの値を−1, −0.1, −0.01とどんどん0に近づけていくと、yの値はマイナス無限大（$-\infty$）に向かっていくことがわかる。

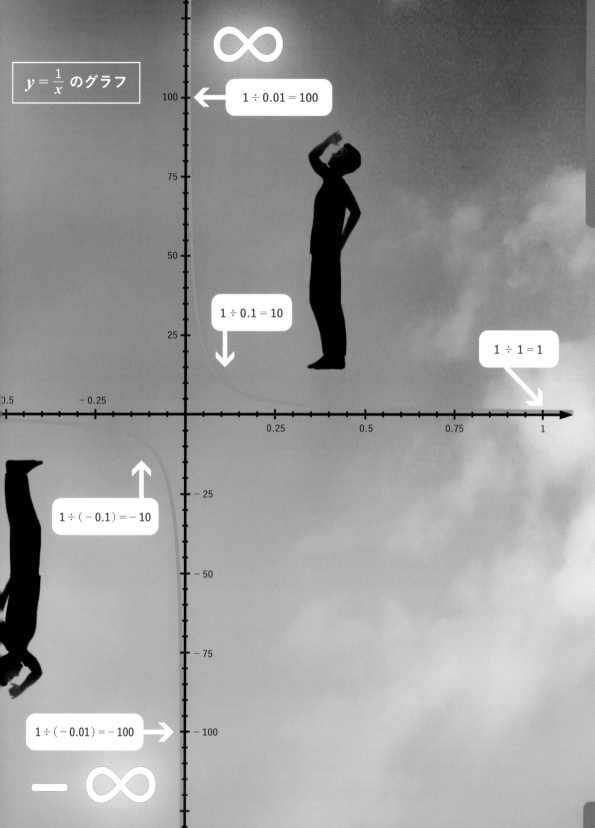

$y = \dfrac{1}{x}$ のグラフ

∞

$1 \div 0.01 = 100$

$1 \div 0.1 = 10$

$1 \div 1 = 1$

$1 \div (-0.1) = -10$

$1 \div (-0.01) = -100$

$-∞$

投げたボールは
なぜ前に進むのだろうか

　私たちが投げたボールは，なぜ前に進むのだろうか。多くの人があたりまえと感じることを"あたりまえ"だと思わなかったのが，古代ギリシャの哲学者ゼノン（前490ごろ〜前430ごろ）である。ゼノンは「飛ぶ矢は進めない」と主張し，この問題は「飛ぶ矢のパラドックス※」とよばれている。

　投げたボールは，ある瞬間（時間の幅が完全に0〔ゼロ〕）には空間のある一つの場所を占めており，止まっているはずだ。つまり，「**ある瞬間のボールの速度は0**」だということになりそうである。どの瞬間も速度が0なら，ボールは前に進めないはずだ。しかし，実際にはボールは前に進むので，これはパラドックスだといえる。

　さて，今「ある瞬間のボールの速度は0」（止まっている）と考えたわけだが，これは本当だろうか。たしかに，時間の幅が0であれば，移動距離は0になるだろう。しかし，速度は「距離÷時間」で求められる。つまり，ある瞬間の速度は「0÷0」になりそうだ。56ページで解説したように，「0÷0＝0」と考えるのは誤りであり，その答えは「値が一つに決まらない」ことを意味している。次節で，この問題についてさらに深くみていこう。

※：パラドックスとは，正しく推論したはずなのに，現実とは矛盾した結論がみちびかれる事柄を意味する。

運動は幻想なのか？（→）

右は「運動と時間」のイメージである。飛ぶ矢のパラドックスは，あらゆる物体のあらゆる運動に疑問を投げかけた。このパラドックスを突きつめて考えていくと，空間や時間は無限に細かく分割することは可能なのか（完全に連続的なのか）という疑問にもつながる。一方で，空間や時間に"最小単位"があるのかどうかは，現代物理学をもってしても，よくわかっていない。

極限の考え方を使って
「瞬間の速度」を求めてみよう

1章で解説した,「瞬間の速度」について,今一度別の例でおさらいしてみよう。

毎秒2メートルの一定の速度で氷上を進む,カーリングのストーンを考える。横軸を時刻x(秒),縦軸をストーンの移動距離y(メートル)とすると,$y = 2x$とあらわすことができる(ストーンを投じた瞬間を,$x = 0$とする)。これをグラフにえがくと,右ページ上のように,斜めに傾いた直線になる。

スタートの1秒後から2秒後($x = 1 \sim 2$)の,平均の速度を求めてみよう。この間の移動距離は「$4 - 2$」で2メートル,経過時間は「$2 - 1$」で1秒なので,平均の速度は「$2 \div 1$」で,毎秒2メートルと計算できる。"毎秒2メートルの一定の速度"と仮定しているので,当然の結果である。

短い経過時間から
0に近づける

次に,スタートの1秒後($x = 1$)から,$1 + \varDelta x$秒後の間の平均の速度を求めてみよう。

移動距離は,$2(1 + \varDelta x) - 2 = 2\varDelta x$メートル,経過時間は,$(1 + \varDelta x) - 1 = \varDelta x$秒なので,

$$平均の速度 = \frac{2\varDelta x}{\varDelta x}$$

となる。

ここで,経過時間$\varDelta x$をかぎりなく0に近づけていけば,スタートから1秒後の瞬間の速度を求められる。つまり,

$$瞬間の速度 = \lim_{x \to +0} \frac{2\varDelta x}{\varDelta x} \cdots ☆$$

となる。なお,これは右ページのグラフで,$x = 1 + \varDelta x$の点(オレンジ色の点)を,$x = 1$の点(赤色の点)にかぎりなく近づけていくことに相当する。

極限$\lim\limits_{x \to +0}$は,$\varDelta x$を0にすることなく($\varDelta x \neq 0$),かぎりなく0に近づけていくことだったので,☆は約分でき,答えは,

$$瞬間の速度 = \lim_{x \to +0} 2 = 2$$

と計算できる。

$x = 1$で,時間の幅が完全に0の瞬間の速度をどう考えればよいのかというゼノンの「飛ぶ矢のパラドックス」が,これで完全に解決したとはいえない。しかし,毎秒2メートルの一定の速度で進んでいるストーンの,$x = 1$での瞬間の速度が「毎秒2メートル」だという結果をみちびきだした前述の計算は,妥当なものだといえるだろう。

このようにして,極限の考え方を使って「$0 \div 0$」を巧妙にさけ,瞬間の速度を求める方法が微分なのである。

一定の速度で進むストーン(→)

一定の速度で氷上を進む,カーリングのストーンをえがいた。また,右ページ上のグラフは,時刻をx(横軸),ストーンの移動距離をy(縦軸)としたときのものだ(横軸と縦軸の縮尺はことなる)。

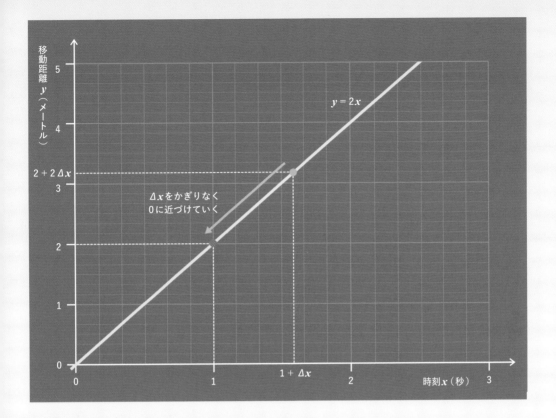

減速しながら進む車の「瞬間の速度」も極限を使って計算できる

今度は減速しながら進む車の瞬間の速度を，極限を使って求めてみよう。車は，$x = 0$ の瞬間に $y = 0$ の位置を通過（スタート）した。そして車の移動距離 y（メートル）は，時刻 x（秒）を使って，$y = 16x - x^2$ とあらわせたとする[※]。ただし，車はスタートから8秒後（$x = 8$）で止まってしまうので，$0 \leqq x \leqq 8$ の範囲だけ考える。このとき，グラフは下の①のような曲線になる。

$x = 1$ で，車は $y = 16 \times 1 - 1^2 = 16 - 1 = 15$ の位置にいる（右ページ②・赤色の点P）。また，$x = 1 + \Delta x$ での位置を計算すると，

$$y = 16 \times (1 + \Delta x) - (1 + \Delta x)^2 = 15 + 14\Delta x - (\Delta x)^2$$

となる（②・オレンジ色の点Q）。よって，移動距離は，次のように計算できる。

$$\{15 + 14\Delta x - (\Delta x)^2\} - 15 = 14\Delta x - (\Delta x)^2$$

$x = 1$ での瞬間の速度は，これを経過時間 Δx で割って，Δx を0にかぎりなく近づけていけば求めることができる。すなわち，次のようになる。

$$\lim_{\Delta x \to 0} \frac{14\Delta x - (\Delta x)^2}{\Delta x} = \lim_{\Delta x \to 0} (14 - \Delta x) = 14$$

「瞬間の速度」はグラフの接線の傾きと一致する

①は，減速しながら進む車の位置 y を，時刻 x の関数としてあらわしたときのグラフである。$x = 1$ と $x = 1 + \Delta x$ の間の平均の速度を求めることは，②の点Q（$x = 1 + \Delta x$）と点P（$x = 1$）を結んだ直線（青色）の傾きを求めることに相当する。そして点Qをかぎりなく点Pに近づけていくと，最終的に二点間を結ぶ直線は，$x = 1$ での接線（③の青色の直線）と一致する。この接線の傾きが，$x = 1$ での瞬間の速度になる。

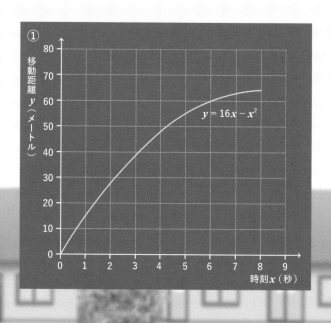

① 移動距離 y（メートル）

$y = 16x - x^2$

時刻 x（秒）

減速しながら進む車

Δxで約分（約分できるのは、Δxが0ではないため）したあとにΔxを0に近づけ、パラドックスを生む魔性の計算「0÷0」を巧みにさけているわけだ。同様の計算方法で、どの瞬間の速度でも求めることができる。

グラフの接線の傾きが「瞬間の速度」

二点間の平均の速度は、移動距離を経過時間で割ることで求められる。これを言いかえると、x（位置）の変化量を、y（時刻）の変化量で割るということだ。この値が大きいほど、②の青色で示した点Pと点Qを結ぶ直線の傾斜はきつくなり、値が小さいほど傾斜はゆるやかになる。そのため、xの変化量をyの変化量で割った値は、青色の直線の「傾き」とよばれる。つまり、平均の速度とは、グラフの二点間を結ぶ直線の傾きのことなのだ。

$x = 1$での瞬間の速度を求める際には、Δxを0に近づけていったが、これは②の$x = 1 +$ Δxの点Qを、曲線に沿って$x = 1$の点Pに近づけていくことを意味している。最終的に点Pが点Qに重なると、二点間を結ぶ直線は、曲線と接する「接線」となる。つまり、瞬間の速度とは、その点での接線の傾きを意味するのだ。接線の傾きは、その点での「微分係数」ともよばれる。

※：この式は、初速が秒速16メートル（時速約58キロメートル）で、1秒あたり秒速2メートルずつ減速していることを意味している。

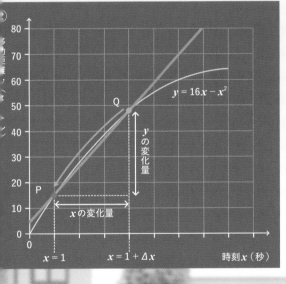

$y = 16x - x^2$

yの変化量

xの変化量

$x = 1$ $x = 1 + $Δ$x$ 時刻x（秒）

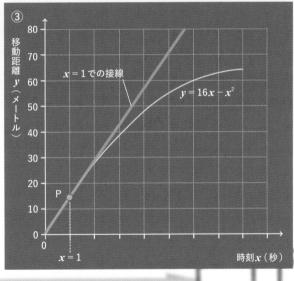

③

移動距離y（メートル）

$x = 1$での接線

$y = 16x - x^2$

P

$x = 1$ 時刻x（秒）

現実の問題に対処する「偏微分」

高校の数学では，これまでにみてきたような「x を代入すると y の値が決まる」という一つの変数 x からなる関数（$y = f(x)$）についての微分と積分を主に習う。しかし**現実世界をあらわす関数は，変数が一つだとはかぎらない。**

たとえば，緯度 x と経度 y を決めれば，標高 z が求まるといった場合，z は x と y という二つの独立した変数の関数になっており，$z = f(x, y)$ などとあらわす。このとき，斜面の傾きは微分を使って計算できるが，実際の「山」を思い浮べてもらえばわかるように，どの方向を見るかによってその地点の傾きはことなる。x 方向の傾きを求めたいときは，y を定数とみなし，x のみを変数として微分する。

たとえば標高が，$z = -x^4 + 2xy - y^4$ という関数であらわ

されたとしよう。その場合，x 方向の傾きを求める関数（偏導関数）は $\frac{\partial z}{\partial x}$ とあらわし，y を定数とみなして，

$$\frac{\partial z}{\partial x} = -4x^3 + 2y$$

と計算できる。「∂」は通常の微分記号に使われる d を丸めたもので，「ラウンドディー」などと読む。$\frac{dy}{dx}$ であらわされる**通常の微分は「常微分」**，$\frac{\partial z}{\partial x}$ であらわされる**複数の独立した変数をもつ関数の微分は「偏微分」**とよばれる。

科学や工学などでは偏微分が大活躍

微分は，物理学や工学，経済学など，さまざまな分野で必須の "ツール" となっているが，**なかでも偏微分は頻繁に登場す**

る。たとえば，鉄の棒をどのように熱が伝わっていくかを調べる場合，温度 T は棒の端からの距離 x と時刻 t の関数になる（$T = T(x, t)$）。そして，以下のような方程式（熱伝導方程式）が成り立つ。

$$\frac{\partial T}{\partial t} = C \frac{\partial^2 T}{\partial x^2} \quad (C は定数)$$

右辺の $\frac{\partial^2 T}{\partial x^2}$ は，T（温度）を x（距離）で二度，偏微分することをあらわしている。本題から外れてしまうので，この方程式の物理学的な意味には深入りしないが，この例が示しているように，偏微分は世界のしくみを解き明かしていくうえで，なくてはならないものといえる。

実際の斜面の傾きは方向によってちがう

図の特定の地点の標高 z は，x 座標と y 座標という二つの変数の関数になっている（$z = f(x, y)$）。図を見ると明らかなように，同じ地点でも，斜面の傾きは方向によってことなっている。x 方向の傾きを求める関数は y を固定した偏微分（$\frac{\partial z}{\partial x}$），$y$ 方向の傾きを求める関数は x を固定した偏微分（$\frac{\partial z}{\partial y}$）によって求めることができる。

z軸

y軸

x軸

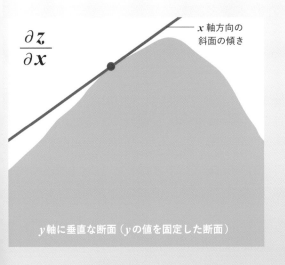

$$\frac{\partial z}{\partial x}$$

x 軸方向の
斜面の傾き

y 軸に垂直な断面（y の値を固定した断面）

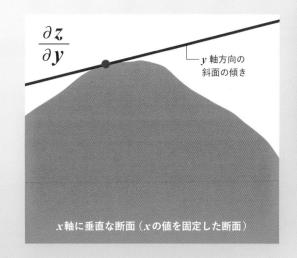

$$\frac{\partial z}{\partial y}$$

y 軸方向の
斜面の傾き

x 軸に垂直な断面（x の値を固定した断面）

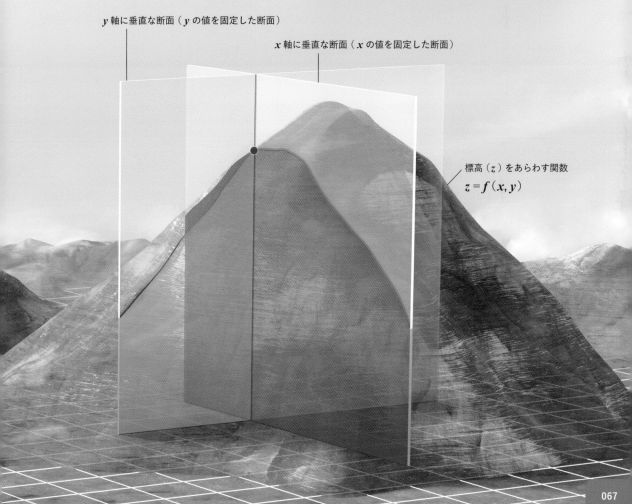

y 軸に垂直な断面（y の値を固定した断面）

x 軸に垂直な断面（x の値を固定した断面）

標高（z）をあらわす関数
$z = f(x, y)$

さまざまな関数を「無限につづく足し算」であらわす

微分の知識を使うと，三角関数や指数関数など，さまざまな関数を「無限につづく美しい多項式」であらわすことができる。これらは「テイラー展開」または「マクローリン展開」とよばれる。

右ページAの式を見てほしい。三角関数 $\sin x$ とイコールで結ばれた右辺には，「x の奇数乗」の項のみが登場している。そして，各項の符号は交互に入れ替わり，分母は順番に「奇数の階乗」になっている。階乗とは，「3!」「5!」など，「!」の記号を使ってあらわされるもので，$3! = 3 \times 2 \times 1$，$5! = 5 \times 4 \times 3 \times 2 \times 1$ である。$\sin x$ は，このようなきわめて規則的で美しい式であらわすことができるのである。

Bの式の右辺，$\cos x$ のテイラー展開は，$\sin x$ の式と対になった美しい形をしている。登場する項は「x の偶数乗」のみで，各項の符号が交互に入れ替わるのは $\sin x$ と同様だ。そして分母は，順番に「偶数の階乗」になっている。

Cの式の右辺，e^x のテイラー展開も，きわめて規則的な式になる。e は高校数学にも登場する「自然対数の底」または「ネイピア数」などとよばれる数（無理数）である。e にはさまざまな定義があるが，ここでは「微分すると，元の関数とまったく同じになる指数関数の底」（$(e^x)' = e^x$ を満たす数 e）だと考えてほしい。

e^x のテイラー展開には「x の自然数乗」がすべて登場し，分母はすべて順に「自然数の階乗」になっている。

高校で e について習ったとき，なぜこんな中途半端な値（約2.718）の数を考える必要があるのだろうと疑問に思った人も少なくないと思うが，このような美しい式にぴったりと合う指数関数の底の値が，e なのである。

テイラー展開は「近似値」を計算するのに便利

テイラー展開を使えば，三角関数などの近似値を簡単に求めることができる。たとえば x が十分に小さいときには，Aの最初の数項目まで計算することで，$\sin x$ のよい近似値を得ることができる。これなら，計算は＋，－，×，÷の四則演算のみですむ。

なお，テイラー展開は，コンピュータで三角関数などの値を求めるためにも使われている。

無限につづく
美しい数式（→）

微分を使ったテイラー展開によってみちびかれる，無限につづく数式を示した。$\sin x$ を微分すると $\cos x$ になるが，Aの右辺を微分すると，たしかにBの右辺と一致する。これは，$\cos x$ の微分についても同様だ。

また，e^x を微分しても e^x のままだが，Cの右辺を微分すると，たしかに元にもどる。

ブルック・テイラー
（1685 ～ 1731）
イギリスの数学者で，テイラー展開に関する業績によって，その名を残した。

A. sin$x$のテイラー展開

$$\sin x = x - \frac{x^3}{3!} + \frac{x^5}{5!} - \frac{x^7}{7!} + \frac{x^9}{9!} - \frac{x^{11}}{11!} + \cdots$$

各項の形

$$\frac{x^{奇数}}{奇数!}$$

右辺の第1項は、「$\frac{x^1}{1!}$」とあらわすこともでき、この項も「$\frac{x^{奇数}}{奇数!}$」という形になっている。

B. cos$x$のテイラー展開

$$\cos x = 1 - \frac{x^2}{2!} + \frac{x^4}{4!} - \frac{x^6}{6!} + \frac{x^8}{8!} - \frac{x^{10}}{10!} + \cdots$$

各項の形

$$\frac{x^{偶数}}{偶数!}$$

右辺の第1項は、「$\frac{x^0}{0!}$」とあらわすこともでき、この項も「$\frac{x^{偶数}}{偶数!}$」という形になっている。

C. e^xのテイラー展開

$$e^x = 1 + \frac{x^1}{1!} + \frac{x^2}{2!} + \frac{x^3}{3!} + \frac{x^4}{4!} + \frac{x^5}{5!} + \cdots$$

各項の形

$$\frac{x^{自然数}}{自然数!}$$

右辺の第1項は、「$\frac{x^0}{0!}$」とあらわすこともでき、この項も「$\frac{x^{自然数}}{自然数!}$」という形になっている。なお、自然数には0を含めない場合が多いが、ここでは便宜上、自然数は0を含むと考えている。

微分を使って、関数を規則正しい多項式の和に変身させる「テイラー展開」

$$f(x) = f(a) + f'(a)(x-a) + \frac{f''(a)}{2!}(x-a)^2 + \cdots + \frac{f^{(n)}(a)}{n!}(x-a)^n + \cdots$$

上に示したのが、テイラー展開の定義である。$f''(a)$は、関数$f(x)$を2回微分して$x = a$（aは定数）を代入したものをあらわしている。また、$f^{(n)}(a)$は、関数$f(x)$をn回微分して、$x = a$を代入したものをあらわしている。$a = 0$の場合はとくに「マクローリン展開」ともよばれ、上のA～Cの右辺はそれぞれの関数のマクローリン展開になっている。

大人は赤ちゃんに絶対に追いつけない!?

スタート地点

——今，右図のように，はいはいで進む赤ちゃんを大人が走って追いかけている。赤ちゃんが最初にいたＡ地点に大人が到達したとしても，その間に赤ちゃんはさらに先のＢ地点に進んでいる。あなたがＢ地点に到達したとしても，赤ちゃんはその間に，さらに先のＣ地点に進んでいる。無限の地点を通過し終えることはできないので，大人は赤ちゃんに決して追いつくことができない。

この話は，60ページに登場した古代ギリシャの哲学者ゼノンが提示した有名なパラドックス「アキレスと亀」をアレンジしたものだ。この話の結論は，言うまでもなく現実に反している。しかし，話の理論としては正しいように思える。ではいったい，どこがまちがっているのだろうか。

無限に足し算すると答えは「無限大」になる？

大人がスタート地点からＡ地点に到達するのに要する時間をa_1，Ａ地点からＢ地点に到達するのに要する時間をa_2とあらわすことにしよう。大人が赤ちゃんに追いつくまでに要する時間は，$a_1 + a_2 + a_3 + a_4 + \cdots$という計算で求められそうだ。

無限に足し算をつづければ，その答えも無限大になるにちがいない（＝いくら時間をかけても追いつけない）と考えてしまうかもしれない。しかし，無限に足し算をしたからといって，答えが「無限大」になるとはかぎらない。ここに，この話の"誤解"があるといえる（→次節につづく）。

「無限につづく足し算」が有限の値になる条件

実は上の話は，高校の数学で習う「等比数列の和の極限」の問題になっている。等比数列とは，前の項に一定の数（公比）を掛けたものが，次の項になっているような数の列である。数列a_1，a_2，a_3，$a_4 \cdots$は，等比数列となっていることがわかる。一般に，等比数列の項を無限に足していった和（極限値）は，公比rの大きさ（絶対値）が1未満のとき（$-1 < r < 1$）には，和は有限の値になる（収束する）ことが知られている。公比の大きさが1未満であれば，何度も何度も掛けていくことで，数はどんどん小さくなっていき，急激に0に近づいていく。この場合，無限に足していっても，答えは無限大にはならないのだ。

逆に，公比の大きさが1以上のときは，有限の値にはならず，∞や−∞などになる（発散する）。このように，無限につづく足し算が収束せず発散するのか，有限の値に収束するのかは，条件によるのである。

大人がある地点に到達すると
赤ちゃんは少し先の地点に進んでいる

冒頭の話をイラスト化した。大人は赤ちゃんに近づきはするが，追いこすことはないという話の鍵は，「無限の足し算の答え」がにぎっているようだ。

A 地点

A 地点　　B 地点

B 地点　　C 地点

大人が赤ちゃんがいた場所に到達すると，赤ちゃんは少し前に進んでいる。

無限に足し算をしたとしても
答えが「有限」の値になることもある

　前節の話で，大人が進む速さを秒速5メートル，赤ちゃんが進む速さを秒速0.5メートルとする。また，スタートの時点で，赤ちゃんは5メートル先にいるものとする。

　x秒後に追いつくとすると，大人が進んだ距離は「$5x$メートル」，赤ちゃんが進んだ距離は「$5 + 0.5x$メートル」なので，$5x = 5 + 0.5x$という方程式を解けば，xを求めることができる。これを解くと，$x = \dfrac{10}{9} = 1.111\cdots$となり，1.2秒後には追いこしている計算になる。

無限につづく足し算の計算

　今度は，前節で考えた無限につづく足し算を実際に行ってみよう。赤ちゃんが最初にいた5メートル先のA地点に到達する

のに，大人は1秒かかる（$x_1 = 1$）。その間に赤ちゃんは，0.5メートル先のB地点に進んでいる。大人がB地点に到達するには，さらに0.1秒かかる（$x_2 = 0.1$）。その間に赤ちゃんは，0.05メートル先のC地点に進んでいる。大人がC地点に到達するには，さらに0.01秒かかる（$x_3 = 0.01$）。以上が延々とくりかえされるので，大人が赤ちゃんに追

いつくまでに要する時間tは，

$$x = x_1 + x_2 + x_3 + x_4 + x_5 + \cdots$$
$$= 1 + 0.1 + 0.01 + 0.001 + \cdots$$
$$= 1.1111\cdots \ \left(= \frac{10}{9}\right)$$

と計算できる。

　ここからわかるように，やはり，<u>無限につづく足し算を行ったからといって，答えが「無限大」になるとはかぎらないのである。</u>

答えは「有限」？ それとも「無限」？

　下のグラフは，横軸を時間，縦軸を「大人がスタートした地点からの距離」としたときの，大人と赤ちゃんの位置を示したものだ。グラフの交点が，大人が赤ちゃんに追いつく地点である。

　また右ページでは，無限につづく足し算の具体例を示した。答えが無限大になる（発散する）こともあれば，有限の値に収束することもあるのが，おわかりいただけるだろう。

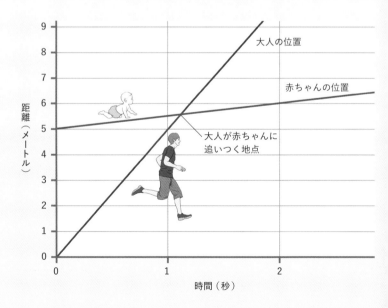

大人の位置

赤ちゃんの位置

大人が赤ちゃんに追いつく地点

距離（メートル）

時間（秒）

さまざまな無限の足し算

$\boxed{1}$ $\dfrac{1}{2} + \dfrac{1}{4} + \dfrac{1}{8} + \dfrac{1}{16} + \dfrac{1}{32} + \cdots\cdots = 1$

上の無限につづく足し算は，初項が $\frac{1}{2}$，公比が $\left(\frac{1}{2}\right)$ の等比数列の和になっている。70ページ下のミニコラムで説明したように，公比の大きさが1未満なので，答えは「有限」になり，その値は「1」になる。

　この足し算は，右のように，面積1の正方形を埋めつくしていくことに相当する。最初に全体の半分（$\frac{1}{2}$），次に残りの半分（$\frac{1}{4}$），次にその残りの半分（$\frac{1}{8}$）…といった調子で，正方形を埋めつくしていくわけだ。そのため，この無限につづく足し算は，最終的に正方形全体の面積である「1」に収束することになる。

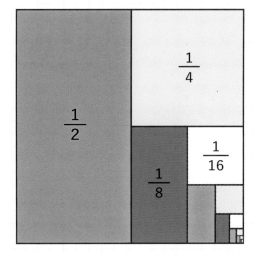

$\boxed{2}$ $1 - \dfrac{1}{3} + \dfrac{1}{5} - \dfrac{1}{7} + \dfrac{1}{9} - \dfrac{1}{11} + \cdots\cdots = \dfrac{\pi}{4}$

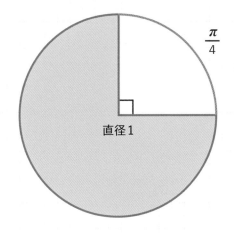

$\dfrac{\pi}{4}$

直径1

これは，「マーダヴァの公式」または「マーダヴァ・ライプニッツの公式」とよばれているものだ。左辺の各項の分母には奇数が小さい順に並んでおり，符号は＋と－が交互に入れ替わっている。このように規則正しい，無限につづく足し算の答えは，直径1の円周の4分の1に一致する。

　上の赤色の線の長さを足し，青色の線の長さを引くという無限につづく計算を行うと，左のピンク色の円弧の長さに一致するわけだ。奇数（の逆数）と円は一見まったく関係がなさそうだが，無限の果てに π があらわれるとは，何とも神秘的ではないだろうか。

左の式の左辺は，自然数の逆数が順に並んでいる，無限につづく足し算である。足される数はどんどん小さくなっていき，0にかぎりなく近づいていくが，その和は有限の値には収束せず，発散することが知られている（0に近づくペースが遅いと，無限につづく足し算は発散する）。

$\boxed{3}$ $1 + \dfrac{1}{2} + \dfrac{1}{3} + \dfrac{1}{4} + \cdots\cdots = \infty$

「線」は大きさゼロの
「点」が集まってできている

学校の数学では,「点」とは大きさが0であり,その点が集まることで「線」ができると習う。大きさ0の点をどれだけたくさん集めたところで長さは0のままで,線などできないような気もする。0の無限につづく足し算,つまり「0＋0＋0＋…＝0」ではないのだろうか。

たとえば長さ1の線分が,大きさ0の点が無限に集まってできているのであれば,「0＋0＋0＋…＝1」とあらわせそうだ。同じように考えると,長さ2の線分も「0＋0＋0＋…＝2」とあらわせそうなので,0の無限につづく足し算は,どんな数にもなりうるようである。

大きさ0の点が無限に集まって長さをもつ線をつくるというのはとても不思議だが,とりあえずこれは認めることにしよう。

長さがことなる線分でも含む点の"個数"は同じ

今度は線分に含まれる点の"個数"について考えてみよう。

下の図のように,長さ1の線分の端と,長さ2の線分の端を結んでできる二つの線を延長していき,交わった点をAとする。また,点Aと長さ1の線分上の適当な点Pとを結んだ線を延長し,長さ2の線分と交わった点をQとする。

このように,点Pに対して点Qを選べば,長さ1の線分上のすべての点と,長さ2の線分上のすべての点は,1対1で対応させることができる。

これは,長さ1の線分をつくっている点の"個数"と,長さ2の線分をつくっている点の"個数"が一致することを意味している※。すなわち,線分に含ま

れる点の"個数"は,長さによらず同じなのである。

それどころか,無限につづく直線に含まれる点の"個数"も有限の長さの線分と同じだということが知られている。

※：線分に含まれる点の個数は無限であり,∞は数ではないので,ここでいう"個数"は通常の「個数」とはニュアンスがことなる。数学では,このことを「ことなる長さの線分に含まれる点の『濃度』が等しい」と表現する。

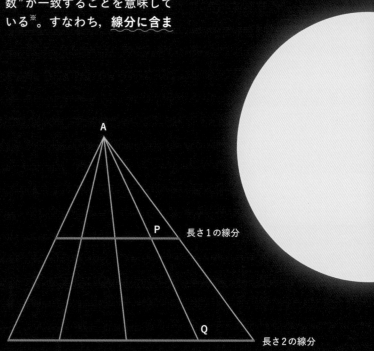

長さ1の線分

長さ2の線分

0 ＋ 0 ＋ 0 ＋ 0 ＋ … ＝ 1 ？
0 ＋ 0 ＋ 0 ＋ 0 ＋ … ＝ 2 ？

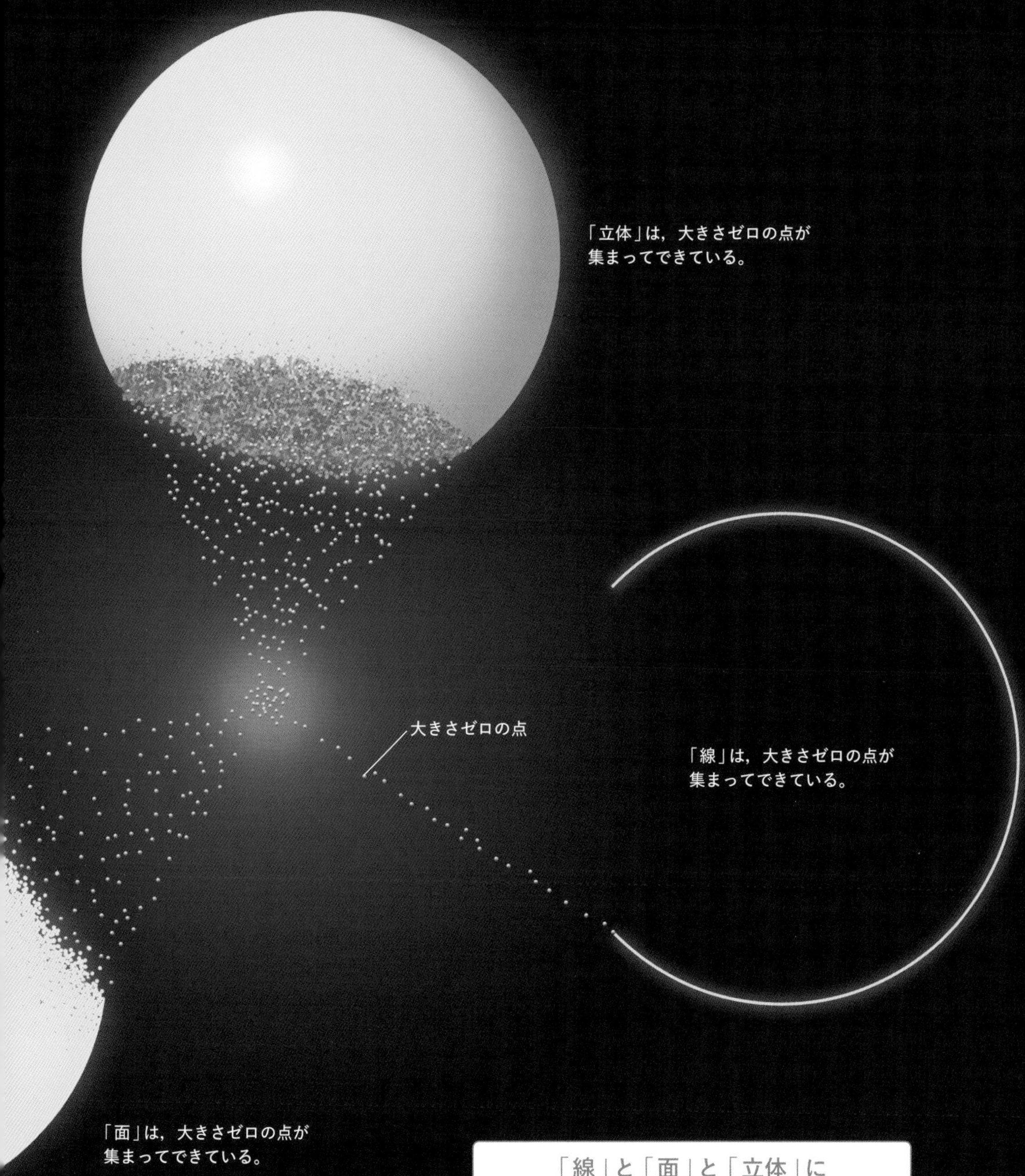

「立体」は，大きさゼロの点が
集まってできている。

大きさゼロの点

「線」は，大きさゼロの点が
集まってできている。

「面」は，大きさゼロの点が
集まってできている。

「線」と「面」と「立体」に含まれる点の"個数"は同じ

上図は，線（1次元の物体）と面（2次元の物体），立体（3次元の物体）が，ともに大きさゼロの点の集まりである，つまり同じ"個数"（濃度）をもつことをイメージしたものだ。このことは，集合論の創始者であるドイツの数学者ゲオルク・カントール（1845 〜 1918）が明らかにした。

自然数と正の偶数では「全体は部分より大きい」とはいえない

数学史においてきわめて重要な書物に，紀元前300年ごろに活躍したギリシャの数学者ユークリッドの『原論』がある。その中の公理（自明だと考えられた命題で理論の土台となるもの）の一つに「全体は部分よりも大きい」というものがある。

たとえば，どんな国でも全人口は，男性のみの人数，または女性のみの人数よりも必ず大きい（つまり，全体が部分よりも大きい）。これは，あたりまえのことのように思える。しかし，この公理は「∞（無限大）」にはあてはまらないのだ。

"常識"が成り立たない自然数と正の偶数

たとえば，自然数（ここでは1以上の整数とする）を「全体」とすると，正の偶数は自然数の「部分」である。しかし自然数は無限に存在し，正の偶数もまた無限に存在する。

無限に存在するものどうしの大きさ（正確には，無限の濃度）を比較するには，「1対1で対応するかどうか」に着目する。運動会の玉入れでは競技が終わると，チームごとに「いーち，にー，さーん……」と数えながら玉をかごから取りだしていくが，あれは玉の総数を比較するために，各チームの玉を1対1で対応させていることといえる。

自然数と正の偶数は，次のように1対1で対応させることができる。

1（自然数）↔ 2（正の偶数）
2（自然数）↔ 4（正の偶数）
3（自然数）↔ 6（正の偶数）
4（自然数）↔ 8（正の偶数）
⋮

自然数という集合に含まれるすべての数が，正の偶数という集合に含まれるすべての数と1対1で対応するので，自然数と正の偶数の"個数"はある意味で同じだ（無限の濃度が等しい）といえる。つまり，自然数と正の偶数では，「全体は部分より大きい」とはいえないのである。

イタリアの科学者（哲学者）ガリレオ・ガリレイがこのようなことを指摘したため，この問題は「ガリレオのパラドックス」とよばれている（ガリレオは自然数nと平方数n^2で，同じことを考えた）。

🍎 1対1の対応で考える無限と無限の大きさ比較

右は，有限の集合である「日本人」と「日本人の男性」「日本人の女性」の関係を示したものだ。男性の集合（または女性の集合）は，「全体」である日本人の集合の「部分」であり，「全体は部分より大きい」が成り立つ。しかし，含まれる要素が無限に存在する「自然数」（右ページ・左側）と「正の偶数」（同，右側）の場合，それぞれの要素を1対1で対応させることができるので（鎖で表現した），全体（自然数）は部分（正の偶数）より大きいとはいえない。

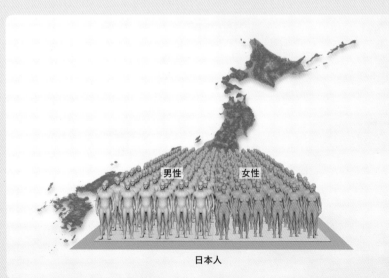

男性　女性

日本人

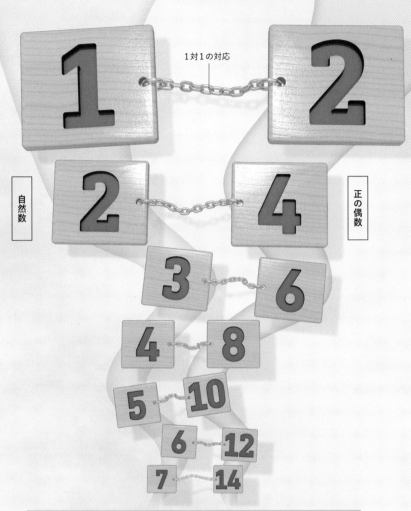

1対1の対応

自然数

正の偶数

自然数

正の奇数					正の偶数				
1	3	5	7	9	2	4	6	8	10
11	13	15	17	19	12	14	16	18	20
21	23	25	27	29	22	24	26	28	30
31	33	35	37	39	32	34	36	38	40
41	43	45	47	49	42	44	46	48	50
51	53	55	57	59	52	54	56	58	60

無限につづくゼロの足し算を
正確に行うのが「積分」

　無限につづく 0 の足し算は，面積や体積の計算にも顔を出す。実は，このような計算を正確に行う方法が「積分」なのである。

　ここで，積分の考え方についておさらいするため，64ページに出てきた「減速しながら進む車」をもう一度考えてみよう。車の初速は秒速16メートルで，

1秒あたり秒速2メートルずつ減速しているとする。縦軸 y を速度，横軸 x を時間としてグラフにすると，下図①のようになる（$y = 16 - 2x$）。では，この車は8秒後に停止するが（速さが0になる），その間に車は何メートル移動するだろうか。

　スタート（$x = 0$）から Δx 秒後までの移動距離は，Δx が十

分に小さければ，$16\,\Delta x$ とほぼ一致するはずだ。Δx が十分に小さければ，速さはほぼ一定（初速の秒速16メートル）だとみなせるからである。これは，①の赤色の長方形の面積と一致する。

　同じように考えると，<u>停止するまでの8秒間を Δx 秒間隔で区切り，そうしてできた長方形</u>

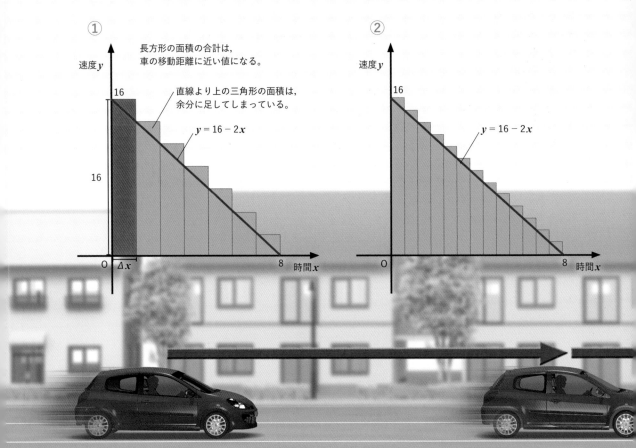

① 長方形の面積の合計は，
車の移動距離に近い値になる。

速度 y

16

直線より上の三角形の面積は，
余分に足してしまっている。

$y = 16 - 2x$

16

O　Δx　　　　　　　8　時間 x

② 速度 y

16

$y = 16 - 2x$

O　　　　　　　　　8　時間 x

減速しながら進む車

の面積をすべて足しあわせると，移動距離と近い値になることがわかる（8を適当な正の整数nで割った数をΔxとすれば，$0 \leqq x \leqq 8$の区間を，幅Δxの長方形でn等分できる）。

こうして求めた値は，実際の移動距離よりやや長くなる。これは，各区間では速さを一定として考えており，減速していく分を考慮していないためだ。長方形の面積のうち，図の直線より上の小さな三角形部分は余分なのである。

そこで，Δxをどんどん小さくしていく，つまり長方形の数をふやしていくことを考えよう（②・③）。すると，余分な三角形部分の面積はどんどん小さくなっていく。

Δxをかぎりなく0に近づけていくと，長方形の面積の合計は，④の三角形の面積に収束していく。これが，求める移動距離になる。

また，Δxをかぎりなく0に近づけていくと，個々の長方形の面積は0に近づいていく。つ

まり，求める面積は「0＋0＋0＋…」という無限につづく0の足し算になるわけだ。ただし本節の例では，無数の長方形面積の合計は④の三角形の面積と一致するので，計算で簡単に答えが出せる。具体的には，8秒×毎秒16メートル÷2（三角形の面積＝底辺×高さ÷2）で，移動距離は「64メートル」となる。

距離は
グラフの面積と一致する

本節ではグラフが直線の場合を示したが，グラフが曲線になったとしても，移動距離が「曲線とx軸ではさまれる領域の面積」と一致することはかわりない。

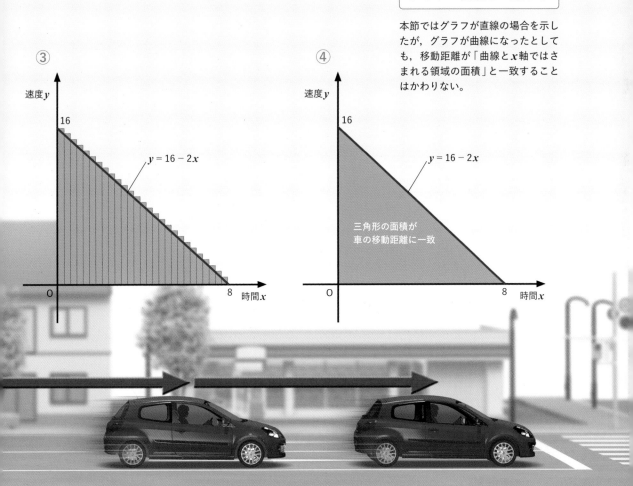

③

速度y

16

$y = 16 - 2x$

0　　　　　　　8　時間x

④

速度y

16

$y = 16 - 2x$

三角形の面積が
車の移動距離に一致

0　　　　　　　8　時間x

積分とは「極限」を使って面積を求めること

前節では，三角形の面積の公式を使ってグラフの面積を求めたが，これを曲線で囲まれた複雑な図形にまで拡張した一般的な計算手法が，「積分」である。今度は，それぞれの長方形の面積の和を求めて，その長方形の幅をかぎりなく 0 に近づけていくという方法（区分求積法）で，グラフの面積を求めてみよう。

車の初速は秒速16メートルで，1秒あたり秒速2メートルずつ減速しているので，x 秒後の速度 y は次のような関数であらわせる。

$$y = 16 - 2x$$

車が停止するまでの8秒間を n 等分することを考える。すると，長方形の横幅は $\frac{8}{n}$（前節の Δx に相当）になる。たとえば，左から2番目の長方形を考えると，高さは，

$$y = 16 - 2 \times \frac{8}{n} = 16 - \frac{16}{n}$$

と計算でき，面積は，

$$\left(16 - \frac{16}{n}\right) \times \frac{8}{n} = \frac{128}{n} - \frac{128}{n^2}$$

となる。

このようにして，すべての長方形の面積の和を求め，n をかぎりなく大きくしていけば（長方形の数をかぎりなく多くしていけば），長方形の幅はかぎりなく小さくなっていき（＝0に近づいていき），正確な面積，つまり車の移動距離を求めることができる。

実際の計算はやや複雑なので，詳細を下のミニコラムにまとめた。気になる人は，ぜひ読んでみてほしい。

区分求積法による面積の計算は手間がかかる

x 秒後の車の速度 y が，$y = 16 - 2x$ とあらわせるとする。車が停止するまでの8秒間を n 等分することを考えると，長方形の横幅は $\frac{8}{n}$ だ。左から k 番目の長方形の左上の点の x 座標は $x = \frac{8}{n}(k-1)$ なので，長方形の高さ（y 座標）は，$y = 16 - 2 \times \frac{8}{n}(k-1)$ である。よって，k 番目の長方形の面積は，

$$\left\{16 - 2 \times \frac{8}{n}(k-1)\right\} \times \frac{8}{n} = \frac{128}{n} - \frac{128}{n^2}(k-1)$$

と計算できる。

1番目から n 番目までの長方形の面積の和は，

$$\sum_{k=1}^{n}\left\{\frac{128}{n} - \frac{128}{n^2}(k-1)\right\}$$
$$= 128 - \frac{128}{n^2} \cdot \frac{1}{2}n(n+1) + \frac{128}{n} = 64 + \frac{64}{n} \quad \cdots\cdots ☆$$

となる。なお，Σは「シグマ」と読み，$\sum_{k=1}^{n}$ は「$k=1$ から $k=n$ までの和」をあらわしている。上の計算では，$\sum_{k=1}^{n}(定数) = n \times (定数)$，$\sum_{k=1}^{n}k = \frac{1}{2}n(n+1)$ という公式を使った。☆で n をかぎりなく大きくしていけば，長方形は無限に細くなっていき，三角形の面積に一致するので，求める面積（移動距離）は，

$$\lim_{n \to \infty}\left(64 + \frac{64}{n}\right) = 64 メートル$$

と計算できる。当然，計算結果は前節と一致する。

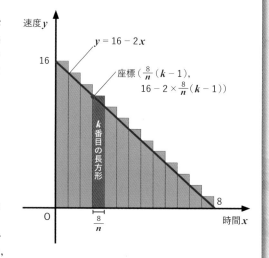

速度 y

16

$y = 16 - 2x$

座標 $\left(\frac{8}{n}(k-1), 16 - 2 \times \frac{8}{n}(k-1)\right)$

k 番目の長方形

$\frac{8}{n}$

0

8

時間 x

微分の誕生

協力　髙橋秀裕

　4〜6章では，微分と積分が生まれ，「微分積分学」という一つの学問にまとまるまでの歴史を追っていく。本章ではとくに，微分の誕生前夜から，ニュートンによる微分（微積分）の発見までにスポットをあてて紹介する。

4

大砲を命中させろ!
「砲弾の軌道」の研究

本章では,微分の発展につながったさまざまな出来事を紹介しよう。

最初の話題は,「砲弾の軌道」である。砲弾とは,大砲の弾のことだ。16～17世紀のヨーロッパでは,ヨーロッパの覇権を

めぐって各国が戦争をくりかえしており,強大な威力をもつ大砲を命中させるための研究がさかんに行われていた。

砲弾が曲線をえがいて飛ぶことは一目瞭然だ。しかし,砲弾の軌道がどのような形をしてい

るのかについては,長い間だれも正確に計算することができなかった。この疑問に答えたのが,イタリアの科学者(哲学者)ガリレオ・ガリレイである。

もし地球の重力がなければ,空中に打ちだされた砲弾は,発

砲弾の軌道は放物線をえがく

斜め上に向かって発射された砲弾は,慣性の法則によって,まっすぐ飛んでいこうとする(A)。ところが地球の重力があるため,砲弾は海面(地面)に向かって徐々に落ちていく。このとき,水平方向の速度はかわらない。図でいえば,右向きに進む速度は一定ということだ。

砲弾の上下方向の速度は,時間とともに変化する。最初は上向きだった速度が徐々に遅くなり,ついにはゼロになる。その後は,しだいに下向きの速度が速くなっていく。このようにして,砲弾の軌道は放物線になる(B)。

水平方向の速度

1秒後
発射後の時間経過

2秒後

3秒後

4秒後

射された方向へとまっすぐ飛んでいく。これを「慣性の法則」という[1]。

　ところが，実際には重力があるので，砲弾は地面に向かって落ちていく。ガリレオは砲弾の進む速度を，重力を受ける方向（下向き）と，水平方向とに分けて考えた（96ページでくわしく解説）。そして，水平方向の速度は変化せず，下向きの速度だけ

が時間とともに速くなっていくことを示したのである。このような運動の結果，砲弾の軌道は「放物線」という種類の曲線をえがく[2]。

　放物線と同じ曲線は，それ以前から知られていたが，それがものを投げたときの軌跡であると認識されたのは，ガリレオの発見後のことである。

※1：慣性の法則は，ガリレオとデカルトによって，同時期に提唱された。それまでは，アリストテレスの考えをもとに「力を加えつづけないかぎり，物体を動かしつづけることはできない」と考えられていた。

※2：現実には空気抵抗もあるため，砲弾の軌道は，完全な放物線にはならない。

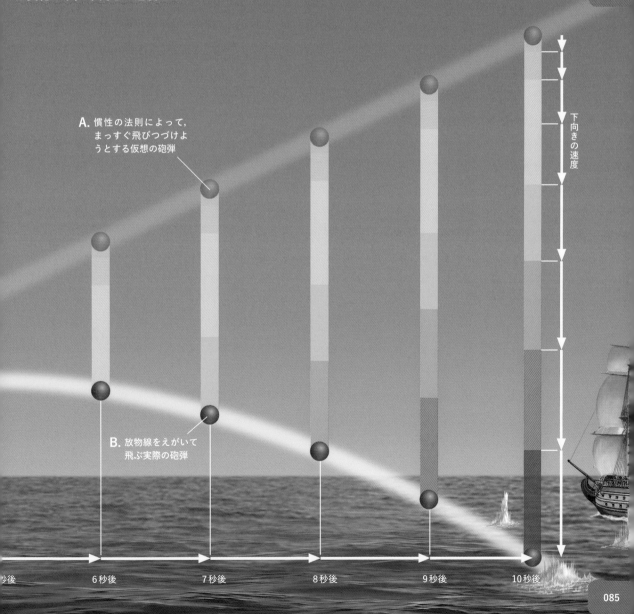

A. 慣性の法則によって，まっすぐ飛びつづけようとする仮想の砲弾

B. 放物線をえがいて飛ぶ実際の砲弾

下向きの速度

…少後　　6秒後　　7秒後　　8秒後　　9秒後　　10秒後

数式と図形を結びつけた「座標」の発明

　17世紀に入り，微分（積分）の発展に欠かせない"ツール"が登場する。それは，デカルトやフェルマーが考えだしたといわれる「座標」である。

　数学ではよく，<u>ある地点（グラフ上など）の場所を，原点からの「縦」と「横」の距離であらわす座標を使う。これは，地図の緯度・経度と考え方は同じだ</u>。

　通常，横軸を「x軸」，原点からの縦軸を「y軸」とよび，xとyの値のペアで座標を表現する。たとえば，原点の座標はxもyもゼロなので，$(x, y) = (0, 0)$とあらわすことができる。

　座標を使うと，ある直線をxとyの式であらわせるようになる。たとえば，$(x, y) = (0, 0)$ $(1, 1)$ $(2, 2)$ $(3, 3)$……を通る直線を考えてみよう。各点の座標は，xとyの値が等しいことがわかる。これらのxとyの値が等しい点を通る直線は，「$y = x$」と表現される（右図A）。

　同様に，$(x, y) = (0, 0)$ $(1, \frac{1}{3})$ $(2, \frac{2}{3})$ $(3, 1)$……を通る直線であれば，「$y = \frac{1}{3}x$」とあらわせる（B）。なお，特別な事情がないかぎり，数式では「$y = $……」の形であらわすのが普通だ。

　直線だけでなく，曲線もxとyの式であらわせる。たとえば，$(x, y) = (0, 0)$ $(1, 1)$ $(2, 4)$ $(3, 9)$……を通る曲線は，「$y = x^2$」である（C）。そして，$(x, y) = (1, 10)$ $(2, 5)$ $(4, \frac{5}{2})$ $(5, 2)$……を通る曲線は，「$y = \frac{10}{x}$」となる（D）。

ライプニッツは座標にも関わっていた

「座標」（英語ではcoordinate）という用語を使いはじめたのも，微分と積分の記号を生みだしたライプニッツ（40ページ参照）だといわれている。座標の考え方を発明したのはデカルトやフェルマーだが，彼らは特別な名称をつけたりはしなかった。ちなみに，日本語の「座標」（当初は「坐標」）は，明治時代に数学者が英語の訳語として考案したものである。

＊参考文献：片野善一郎『数学用語と記号ものがたり』

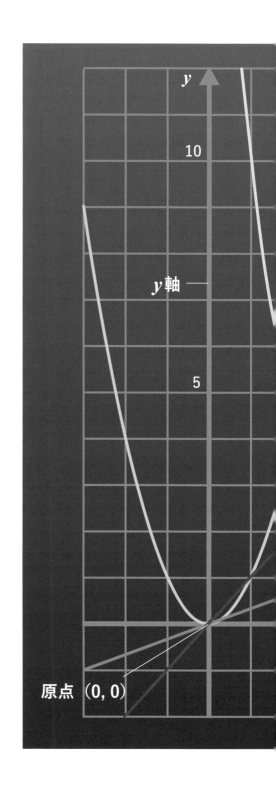

y

10

y軸 ——

5

原点 $(0, 0)$

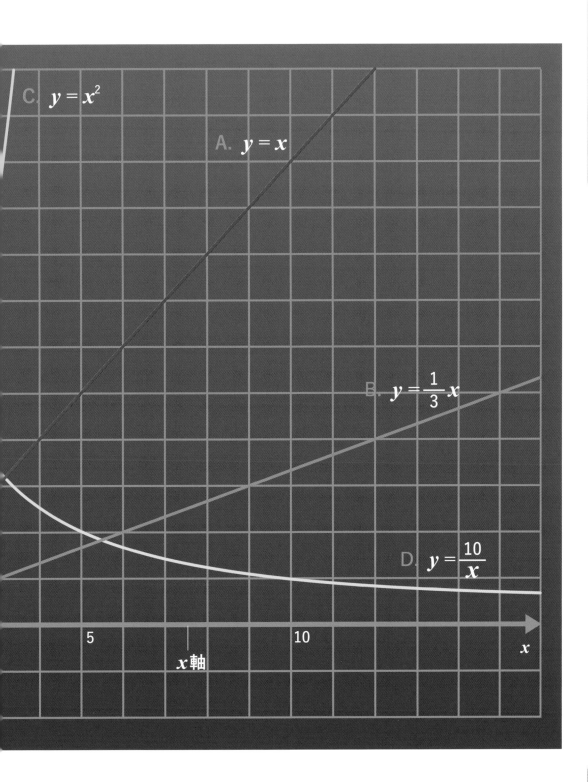

C. $y = x^2$

A. $y = x$

B. $y = \dfrac{1}{3}x$

D. $y = \dfrac{10}{x}$

5

10

x軸

x

座標によって砲弾の軌道が数式にかわった

砲弾（ほうだん）の発射地点を原点とし，x軸を「発射地点からの水平方向の距離」，y軸を「高さ」とす

れば，発射された砲弾がえがく放物線も，xとyの式で表現することが可能だ。

今，発射された砲弾の距離と高さを調べたところ，発射地点から20メートル離れた場所の

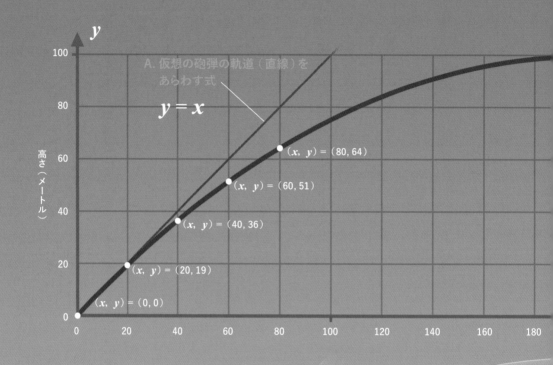

A. 仮想の砲弾の軌道（直線）をあらわす式

$y = x$

$(x, y) = (80, 64)$

$(x, y) = (60, 51)$

$(x, y) = (40, 36)$

$(x, y) = (20, 19)$

$(x, y) = (0, 0)$

高さ（メートル）

慣性の法則によってまっすぐ飛びつづけようとする仮想の砲弾の軌道

砲弾の高さが19メートルだったとする。この砲弾の通過地点を座標であらわすと，$(x, y) =$ (20, 19) となる。同様に，その後の砲弾の通過地点を調べたところ，$(x, y) =$ (40, 36) (60, 51) (80, 64) という座標

であらわされるとする。

砲弾の軌道は，放物線である。放物線は，一般的に「$y = ax^2 + bx + c$」（a, b, c は変化しない一定の数）という形の数式であらわされることが知られているので，前述の座標を代入して

計算すると，この砲弾の軌道がえがく放物線を数式であらわすことができる（下図B）。

つまり，座標の登場により，現実の世界の現象を「数学の問題」として取りあつかえるようになったのである。

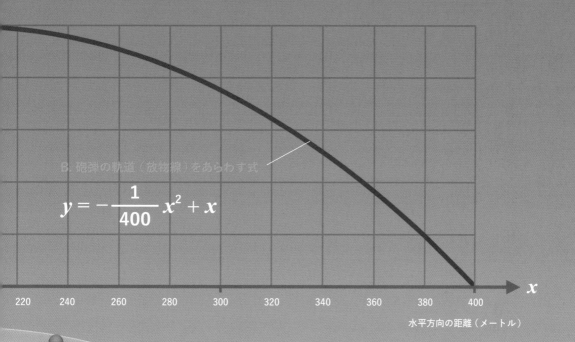

B. 砲弾の軌道（放物線）をあらわす式

$$y = -\frac{1}{400}x^2 + x$$

x

220　240　260　280　300　320　340　360　380　400

水平方向の距離（メートル）

放物線をえがいて飛ぶ
実際の砲弾の軌道

接線は「瞬間の進行方向」を示している

砲弾の軌道が数式であらわせるようになると,「砲弾は何メートル先に着弾するのか」という問題について,発射や観測を行わなくても計算によって答えが出せるようになった。

一方で,飛んでいる砲弾の進行方向は時々刻々と変化しており,一瞬たりとも同じではない。前節で示した砲弾の軌道をあらわす数式からは,砲弾が飛んでいる最中に,どのように進行方向をかえながら砲弾が飛んでいくのかは読み取れない。

変化しつづける砲弾の進行方向を計算するためには,どうすればよいのだろうか。当時の学者たちは悩んだ。これを解決するためには,変化を計算する"新しい数学"が必要だったのである。この"新しい数学"こそが,のちに登場する「微分(法)」である。

微分の誕生前夜

砲弾の進行方向の変化を求めるときの鍵をにぎるのが,「接線」である。接線とは,簡単にいえば円や放物線などの曲線に「一点だけで接する直線」のことである。なお,曲線と二点以上で交わる接線もあるので,一点で接する(交わる)ことが必ずしも接線の定義ではない[※1]。

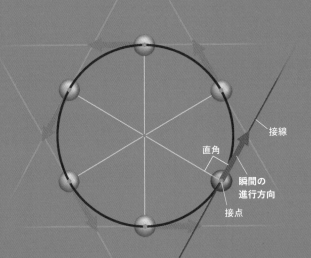

直角

瞬間の
進行方向

接点

接線

ハンマーをロープで中心方向に引っぱることで,接線方向に進もうとするハンマーの運動方向がかえられ,円運動がつづく。

A. 回転するハンマーの軌道

手を放した瞬間の接線方向に飛んでいく

ハンマー投げ

ある点に引ける接線は，1本だけだ。直線の位置や傾きがほんのわずかでもずれると，接線ではなくなる。

接線は，なぜ"鍵をにぎる"のだろうか。それは，**運動する物体の軌道に引いた接線が，それぞれの「瞬間の進行方向」を示しているためだ。**

たとえばハンマー投げでは，自分の体を中心にハンマーを円運動させ，勢いをつけて放り投げる。円運動するハンマーは，それぞれの瞬間では，円の接線方向に向かって進もうとしている（下図A）。その証拠に，引っ

ぱるのをやめてロープを放すと，ハンマーは円の接線の方向に飛んでいく。

接線が瞬間の進行方向を示すのは，放物線をえがく運動でも同じだ。大砲の砲弾をはじめ，放物線をえがいて飛ぶ物体は，それぞれの瞬間に放物線の接線方向に進もうとしている（B）。

つまり，接線を引くことができれば，砲弾の進行方向の変化を知ることができそうだ。

曲線に接線を引く問題は「接線問題」とよばれた。デカルトやフェルマーといった当時最高の数学者たちも，この接線問題

に取り組んだ[2]。ところが，どんな曲線にも正確に接線を引くことのできる"万能の方法"を発明することはできなかった。

この接線問題を解決することが"新しい数学"，すなわち，のちの「微分（法）」の発見につながるのである。

※1：接線を定義するには，曲線と交わる点の数だけでは不十分で，極限の考え方が必要だ。極限については，32ページで紹介している。

※2：デカルトやフェルマーらは，必ずしも砲弾の軌道の研究として，接線問題に取り組んでいたわけではなく，純粋に数学上の未解決問題として接線問題に取り組んでいた。

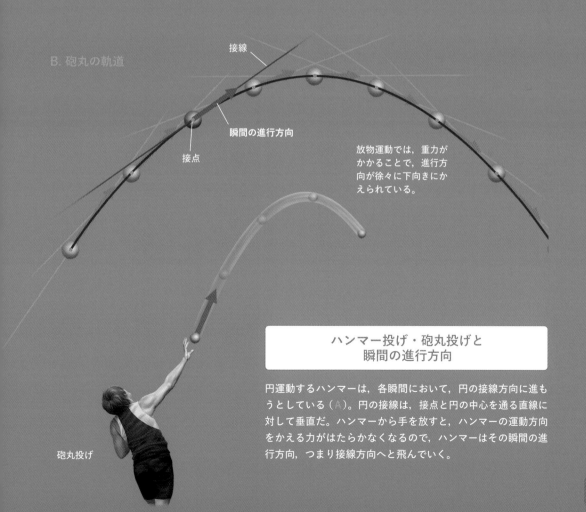

B. 砲丸の軌道

接線

瞬間の進行方向

接点

放物運動では，重力がかかることで，進行方向が徐々に下向きにかえられている。

砲丸投げ

ハンマー投げ・砲丸投げと瞬間の進行方向

円運動するハンマーは，各瞬間において，円の接線方向に進もうとしている（A）。円の接線は，接点と円の中心を通る直線に対して垂直だ。ハンマーから手を放すと，ハンマーの運動方向をかえる力がはたらかなくなるので，ハンマーはその瞬間の進行方向，つまり接線方向へと飛んでいく。

小さな点が「動く」ことで曲線はできている

　1664年，イギリス・ケンブリッジ大学の3年生だった22歳のニュートンは，デカルトなどが書いた書物を読み，最先端の数学を学びはじめた。そして，1年もたたないうちにそれらを習得したあと，さらに進んで独自の数学的手法を編みだしていくようになる。

　ニュートンは，学者たちを悩ませていた「接線問題」にも取り組み，次のような考え方に着目することで，接線を引く方法をつくりあげようとした。それは，「紙の上にかかれた曲線や直線は，時間の経過とともに小さな点が動いた跡」という考え方である（右図）。

　点が動いていると考えると，曲線上のあらゆる点は「瞬間の進行方向」をもつことになる。前節で紹介したように，運動する物体の軌道に引いた接線は，瞬間の進行方向を示している。ニュートンは逆に，動く点の進行方向を計算することで，接線の傾きを求めようと考えたのだ。

> ## ニュートンがひらめいた
> ## アイデア（→）
>
> 直線や曲線は，時間の経過とともに小さな点が動いた軌跡であると考えたニュートンは，動く点の瞬間的な進行方向を計算することで，接線の傾きを求めようとした。このアイデアをもとに，ニュートンは独自の計算方法をつくりあげていった。

y

時間とともに
曲線上を動く点

x

一瞬の間に点が動いた方向を計算する

　ニュートンは，一瞬の時間をあらわす「o」という記号を取り入れることで，点の進行方向，すなわち接線の傾きを計算しようとした。

　「o」は，ギリシャ文字の一つで「オミクロン」と読む。ニュートンは，かぎりなく0に近いが0ではない，無限に小さい微小な時間※をあらわす記号として「o」を使った。

　曲線上を動く点が，ある瞬間に点Aにいたとしよう。その瞬間から「o」の時間がたつと，動く点は，点Aから少し離れた点A′に移動している。このとき，動く点がx軸方向に移動した距離を「op」，y軸方向に移動した距離を「oq」とする（右図）。

　さて，これにより何が求められるのだろうか。数学では，直線の傾きを「水平方向に進んだ距離に対して，どれだけ上がるか」，つまり「勾配の度合い」であらわすことがある。たとえば，x軸方向（水平方向）に3進んで，y軸方向に2上がるような直線の傾きを「$\frac{2}{3}$」とあらわす。

　右図の場合，「o」の間に，動く点はx軸方向に「op」進み，y軸方向に「oq」進んでいる。つまり，点が瞬間的に移動してできた直線A－A′（右図・赤い矢印）の傾きは，「$\frac{oq}{op}$」（$=\frac{q}{p}$）であらわせる。この直線A－A′が，点Aにおける点の進行方向であり，接線なのである。

　なお，$\frac{q}{p}$の値は，「o」やp，qのそれぞれの値がわからなくても求めることができる。

※：具体的に，何秒と決まっているわけではない。

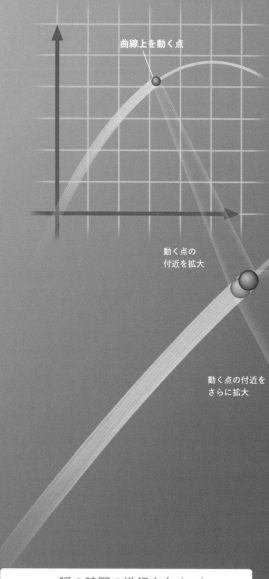

曲線上を動く点

動く点の
付近を拡大

動く点の付近を
さらに拡大

一瞬の時間の進行方向（↗）

　曲線上を動く点が，ある瞬間に座標（a, b）であらわされる点Aにいる。ニュートンは動く点がx軸方向に進む速度を「p」，y軸方向に進む速度を「q」とあらわした。また，微小な時間「o」がたつと，動く点は点Aから点A′に移動している。点は曲線上を動いているが，動いた距離がきわめて短いため，点が移動した軌跡「A－A′」は，直線とみなせると考えた。

　点が進んだ距離は，時間×速度であらわせる。「o」の間に，点がx軸方向に進んだ距離はo（時間）×p（速度）＝「op」である（y軸方向は「oq」）。そのため，点A′の座標は（$a + op$, $b + oq$）であらわされる。

オミクロン
無限に小さい微小な時間

O

A′
$(a + op,\ b + oq)$

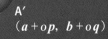
oq

「o」の間に，動く点が
速度qで，y軸方向に
進んだ距離

A
$(a,\ b)$

op

「o」の間に，動く点が
速度pで，x軸方向に
進んだ距離

$$\frac{oq}{op} = \frac{q}{p}$$

直線 A－A′の傾き

砲弾の軌跡を正確に計算した ガリレオ・ガリレイ

　ここからは，微分（積分）の発展に関わった人々について紹介しよう。

　ガリレオ・ガリレイは1564年2月15日，「斜塔」で知られるピサの町で，音楽家であるヴィンチェンツィオ・ガリレイの長男として生まれた。青年ガリレオは，父の期待に応え，医者になるべく大学に進学した。しかし彼の興味は数学に移ってしまい，結局は大学の数学の教授になった。

アリストテレスの理論を くつがえす

　ガリレオが生きた時代，物体の運動の仕方については，古代ギリシャの哲学者アリストテレス（前384〜前322）の「地上の物体は，地球の中心に向けてもどろうとする性質をもつ」という考えや,「重いものほど速く落下する」という考え方が広く信じられていた（地球が物体を引っぱるという「重力」の概念がまだなかった）。

　これに疑問をもったガリレオは，物体が落下するようすを調べ，物体の落下する速度は質量によらないことを示した。そして，2000年近くつづいたアリストテレスの理論に終止符を打ったのである。

　ガリレオは自然の法則を検証するとき，実験をくりかえしてみずからの仮説（数学的モデル）を検証するという方法をとった。これは，現代では一般的な「科学的手法」であるが，ガリレオはそれを採用したさきがけでもあった。

運動を二つの成分に 分けて考えた

　また，ガリレオは斜面をころがる球のようすを精密に観測し，物体の落下距離は落下時間の2乗に比例することを発見した（落体の法則）。

　そしてさらに，発射された砲弾（斜めに投げ上げられたボール）が行う運動を考えるとき，運動を「水平方向」と「上下方向」という二つの成分に分けて考えれば，その軌道を正確に計算できることを示している（右ページの図）。このような考え方も，ガリレオが最初であった。

月のクレーターや 木星の衛星を発見した

　ガリレオは物理（数学）分野だけでなく，天文分野でも才能を発揮した。

　発明されて間もない望遠鏡を自作して，天体観測を行ったガリレオは，月の表面に凸凹があることや（それまでは完全になめらかな球だと信じられていた），木星に衛星があることを発

ガリレオ・ガリレイ

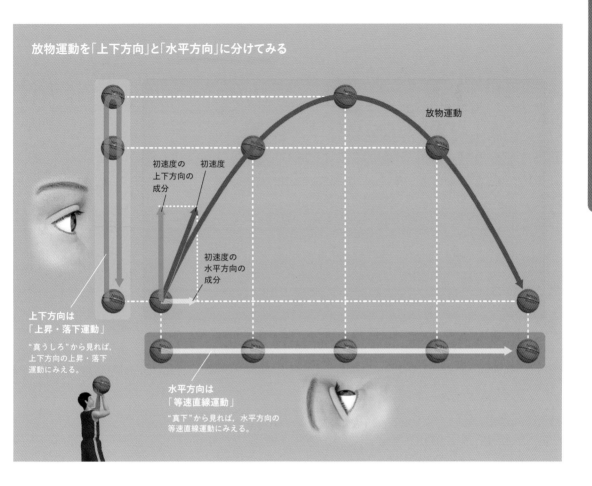

放物運動を「上下方向」と「水平方向」に分けてみる

放物運動

初速度の
上下方向の
成分

初速度

初速度の
水平方向の
成分

上下方向は
「上昇・落下運動」

"真うしろ"から見れば，
上下方向の上昇・落下
運動にみえる。

水平方向は
「等速直線運動」

"真下"から見れば，水平方向の
等速直線運動にみえる。

見した。いずれも天文学史上に残る大発見である。ガリレオが見つけた木星の四つの衛星，イオ・エウロパ・ガニメデ・カリストは，今も「ガリレオ衛星」とよばれている。

観測による事実をもとに，ガリレオはポーランドの天文学者コペルニクス（1423 〜 1543）がとなえた「地動説」（地球はほかの惑星とともに太陽のまわりを公転しているという考え方）を支持し，従来の「天動説」（天体の運動は地球を中心とした円運動が基本となるという考え

方）を否定した。

観測をつづけるなかで天動説の誤りを確信したガリレオは，みずからの成果をもとに地動説を展開した。これに反発したのが，当時最高権力をもっていた教会である。天動説の否定は，キリスト教をも否定することにつながりかねなかったためだ。

同調を拒否したガリレオは宗教裁判にかけられ，今後地動説をとなえないように命令を受けることとなる。

それでも自説をかえることをしなかったガリレオは，ふたた

び宗教裁判にかけられ，1633年に終身刑を言い渡されてしまう。判決を聞いたガリレオは，退廷の際に「それでも地球はまわっている」とつぶやいたというが，これは後世の創作ともいわれている。

ガリレオは1642年に79歳で亡くなったが，多大なる業績にもかかわらず，公的な葬儀は行われなかったという。その後，教会側は誤りを認め，ガリレオの名誉は正式に回復されたが，それは彼の死後350年がたった1992年のことであった。

解析幾何学を生んだデカルト
微積分の先駆者フェルマー

数学者や哲学者として知られるルネ・デカルトは，1596年，フランスの裕福な貴族の家庭に生まれた。生まれてすぐ母が亡くなったため，母方の祖母と叔母に育てられた。子どものころのデカルトは，とても病弱だったという。

1606年（10歳のころ）に，デカルトはラ・フレーシュという町にあるイエズス会学院に入り，数学と論理学を学んだ。

イエズス会学院を18歳で卒業後，2年間は郷里に近いポアティエの大学で法律学と医学を学んだ。その後，1616年（20歳）から1619年にかけて，まずパリに行き，そこからオランダを経てドイツへ行った。

オランダおよびドイツでは，デカルトは志願兵として軍隊に所属した。軍人としての訓練を通して現実の世界に身を投じ，さまざまな経験を重ねようとしたのだ。デカルトは1619年に，ドイツ軍の陣営に加わった。そして，ある夜にみた夢をきっかけに（夢の中で），自分の学問の基礎を見いだしたという。

数式は「座標」を使うことで図形としてあらわすことができ，逆に図形を数式としてあらわすこともできる。つまり，図形の問題を数式を使って解く，もしくはその逆が可能になる。これこそが，デカルトの考えだした幾何学への代数学の応用，「解析幾何学」である。

我思う，ゆえに我あり

デカルトは1620年（24歳）から約9年間，各地を転々とした。その後，1628年（32歳）からの約20年間をオランダで過ごし，自分の考えを原稿にまとめていった。

1632年に地動説をとなえたとしてガリレオが裁判にかけられ，拘束された。デカルトは地動説に賛成であり，地動説を支持する著書を出版しようとしていたため，この事件に大きなショックを受けたという。

出版をいやがるデカルトを友人たちが説得し，1637年，今日『方法序説』として広く知られる本が出版された。これは，哲学的立場の形成を自伝的に述べた「序説」と，その三つの試論である「屈折光学・気象学・幾何学」が1冊の本になったものだ。

この本の中で，デカルトは解析幾何の原理を説明し，光の屈折の法則を見いだして，虹の理論を展開するなどしている。また，「我思う，ゆえに我あり」という有名な一節も，この本の中で登場する。

ルネ・デカルト
（1596 ～ 1650）

1650年（54歳），スウェーデンにまねかれていたデカルトは風邪をこじらせ，そのまま帰らぬ人となった。

法律家のかたわら 数学を研究したフェルマー

デカルトとともに解析幾何学の創始者といわれるフェルマーは，1601年に南フランスのトゥールーズ近くで生まれた。父は副領事で皮革商という，裕福な家庭であった。

フェルマーは大学卒業後，トゥールーズで法律家と弁護士としてはたらいた。そして，法務関係の仕事をするかたわら，数学の研究に熱心に取り組んだ。しかし研究成果を公表することはなく，各国の数学者との文通を通して，そのアイデアを伝えていた。

フェルマーは20代のころに「座標」を考えだし，図形と数式を結びつける解析幾何学を，デカルトとは独立につくりだしている。なお，デカルトと手紙をやり取りし，たがいの数学的手法についてはげしく批判しあったことが知られている。

またフェルマーは，微分積分学の創始者といわれるニュートンやライプニッツに先立ち，微分積分法の要点をいくつか明らかにしている。ただし，微分積分学の基本定理（くわしくは122ページで解説）には到達していなかったため，一般に微分積分の創始者とよばれることはない。

ピエール・ド・フェルマー
（1601 〜 1665）

「確率論」と フェルマーの最終定理

また，フェルマーは「確率論」の創始者としても知られている。同じフランスの数学者であるパスカル（54ページ参照）との，ギャンブルの掛け金の分配方法に関する手紙のやり取りを通して，確率論の基礎をつくりあげた。

さらに，フェルマーは「フェルマーの定理」とよばれるいくつかの数学の定理を残している。その中には，次のようなものがある。

「$n = 3$ 以上の整数のとき，$x^n + y^n = z^n$ を満たす自然数 (x, y, z) は存在しない」

フェルマーは，この「フェルマーの最終定理」について「余白がせまくて証明が書けない」というメモだけを残しており，本当に証明法を知っていたのかは謎とされている。

フェルマーの最終定理は，フェルマーの死から5年後[※]に，息子によって公表された。世界中の人々がこの定理にいどんだが，長らくその証明も反例も見つかっていなかった。そして300年以上がたった1994年，イギリスの数学者アンドリュー・ワイルズがついに，この問題の証明を完成させている。

※：フェルマーは1665年に，64歳で亡くなっている。

微積分をつくりあげた
天才科学者アイザック・ニュートン

微積分をつくりあげたのは，アイザック・ニュートン（Isaac Newton，1642～1727）である。ニュートンは，「万有引力の法則」や「光の理論」を発見するなど，科学史を塗りかえるような成果をいくつもあげているので，物理学者（科学者）のイメージをもつ人も少なくないだろう。

しかし，実は彼は偉大な数学者でもあり，**アルキメデス（前287ごろ～前212ごろ）**や，**カール・フリードリヒ・ガウス（1777～1855）とともに，世界の三大数学者の一人とたたえる人もいるほどなのだ。**

本節を通してニュートンの人生を知ることで，"微積分の物語"をより深く理解し，味わってほしい。

クリスマスに生まれ
発明好きの少年に成長

ニュートンは1642年12月25日[1]，ロンドンから北へ170キロメートルほど行った場所にある農村ウールスソープで生まれた。

ニュートンの父親は裕福な農場主だったが，ニュートンが生まれる数か月前に病気で亡くなってしまった。そのため，母親のハンナはニュートンが3歳のときに再婚。幼いニュートンは，母方の祖母にあずけられていたという。しかしニュートンが10歳のころ，今度は母親の再婚相手が亡くなり，母親はふたたびウールスソープにもどってきた（→102ページにつづく）。

イギリス，ウールスソープに
今も残るニュートンの生家。

※1：当時のイギリスは「ユリウス暦（れき）」という暦（こよみ）を採用していた。イギリスにおけるユリウス暦の使用は，1752年までつづく。ニュートンの誕生日を現在の「グレゴリオ暦」に直すと，1643年1月4日になる。本書では，イギリスの出来事に関する1752年以前の年号は，基本的にユリウス暦で表記している。

ニュートンの肖像画。1689年,
当時最も人気のあった肖像画家
ゴッドフリー・ネラーがえがい
たものだ。ニュートンはこのと
き46歳だった。

ところが，ニュートンと母との暮らしもつかの間だった。12歳になったとき，彼は実家から少し離れた町にある学校に通うために，知り合いの薬剤師の家で下宿をはじめたのだ。

ニュートンは少年時代，よく本を読み，機械じかけのものに興味をもったという（風車や日時計を自分でつくったといわれている）。また，性格は物静かで，一人でいることが多かったようだ。

ニュートンが17歳になろうとしたころ，母親は農場経営を継がせようと，ニュートンを実家によびもどした。一方，学校の校長をはじめ，ニュートンの

非凡な才能に気づいていた周囲の人々は，彼に強く進学をすすめた。ニュートン自身も農場経営は性に合わなかったようで，ヒツジを逃がしてしまうなど，失敗が多かったようである。

名門
ケンブリッジ大学へ進学

1661年，18歳になったニュートンは，ケンブリッジ大学へ進学する。当初は「サブサイザー」（準免費生）という，学費が安いかわりに雑用をしなければならない身分だった。実家は裕福なはずだが，これは進学に反対していた母親が学費を出してくれなかったためだと推測さ

れている。

大学に入ったニュートンは，当初，アリストテレスなどの古代ギリシャの哲学者たちの思想を学ぶ伝統的な教育を受けたが，どうも退屈だったようだ。かわりに，ガリレオやデカルトといった，当時最先端の学者たちの本を熱心に読んだという。

1664年，21歳のニュートンは，大学から一定の給付金がもらえる「スカラー」（給費生）になるための試験を受ける。このとき試験官から，古代ギリシャの数学者エウクレイデス（英語読みではユークリッド，前295年ごろ活躍）の知識が足りないことを指摘されている。とはい

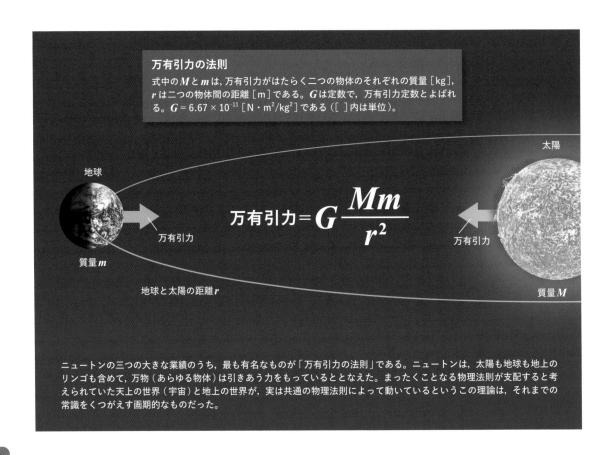

万有引力の法則
式中の M と m は，万有引力がはたらく二つの物体のそれぞれの質量［kg］，r は二つの物体間の距離［m］である。G は定数で，万有引力定数とよばれる。$G = 6.67 \times 10^{-11}$［N・m^2/kg^2］である（［　］内は単位）。

地球

万有引力

質量 m

地球と太陽の距離 r

$$万有引力 = G\frac{Mm}{r^2}$$

太陽

万有引力

質量 M

ニュートンの三つの大きな業績のうち，最も有名なものが「万有引力の法則」である。ニュートンは，太陽も地球も地上のリンゴも含めて，万物（あらゆる物体）は引きあう力をもっているととなえた。まったくことなる物理法則が支配すると考えられていた天上の世界（宇宙）と地上の世界が，実は共通の物理法則によって動いているというこの理論は，それまでの常識をくつがえす画期的なものだった。

え試験には合格し，晴れて給費生になっている。

のちの微積分の発明につながる数学の知識も，このころに読んだ本から得ている。**デカルトが書いた『幾何学』のほか，イギリスの数学者ジョン・ウォリス（1616 ～ 1703）が書いた『無限算術』などが，ニュートンの数学的発想に強い影響をあたえたといわれている。**

ニュートンはまた，天文学についても強い興味を抱いていた。ただし，夜ごと天文観測を行ったせいで体調をくずしたり，太陽を直接観測してひどく眼を痛めたりするなど，熱をおびすぎることもあったようだ。

ちなみに，ニュートンはまじめな学生で，酒やギャンブルにはほとんど興味がなかったという。一方，学生時代のノートには，友人たちに利子をつけて金を貸していたことが記録されている。まじめで付き合いが悪く，金貸しをしていたとあっては，決して友人は多くなかったことだろう。

実家でおとずれた「驚異の年」

1665 年，ロンドンでペスト（ペスト菌が引きおこす感染症）が猛威をふるった。その脅威はロンドン北部にあるケンブリッジにもおよび，1665 年 8 月には大学が閉鎖される。

このため，ニュートンは故郷のウールスソープにもどることにした。そして田舎の静かな環境で，集中して数学や物理学の研究に取り組んだ。これが，科学史を塗りかえる三つの大発見，「微分積分法」「万有引力の法則」「光の理論」につながる。

ニュートンは微分積分法について，大学が閉鎖された 1665 年夏ごろには，すでに基本的なアイデアにたどりついていたと考えられている。このとき，わずか 22 歳であった。

ニュートンは研究を進め，微積分に関するいくつかの論文を書いた。そして 1666 年 10 月，そ

ニュートンには，木から落ちるリンゴを見て万有引力の法則を思いついたという有名なエピソードがある。ウールスソープにあるニュートンの生家の庭には，リンゴの木が生えているが，このエピソードの真偽のほどは明らかではない。

万有引力

れまでの考えをまとめ，微分積分法に関する決定的な論文を書きあげるのである。この，ニュートンがつくりだした微分積分法を「流率法」とよぶ。

ニュートンが数学の研究に本格的に取り組みはじめたのは，1664年4月ごろだと考えられている。**ニュートンは，わずか数年で当時の数学のレベルを飛びこえて，独自の数学をつくりあげたことになる。**

また，「万有引力の法則」の発見は，ニュートンの最も有名な業績の一つである。重力のはたらき方を示したこの法則は，地上で木から落ちるリンゴも，宇宙をめぐる天体もすべて同じ重力の法則にもとづいて運動しているという，当時の常識を根底からくつがえす革命的な考え方だった。万有引力の法則などの重力に関する理論は，科学史上，最も重要な本の一つといわれる『プリンキピア』（自然哲学の数学的諸原理）によって，広く知られることとなる。

三つ目の発見「光の理論」とは，太陽からの白い光は無数の色の光が集まってできていることなど，光の性質を説明する理論である。ニュートンは，実家の部屋に差しこむ太陽光を「プリズム」という器具（ガラスなどでできた透明な多面体）で受け，虹のように七色に分解する実験を行い，その正しさを証明したといわれている。光の性質を理解していたのに加え，少年時代に発明が得意だったニュートンは，この実験の数年後に，世界初の実用的な反射望遠鏡をつくりあげている。

なお，ニュートンが科学史を塗りかえる大発見を立てつづけに行った1665年から1666年は，現代において「驚異の年」などとよばれている。

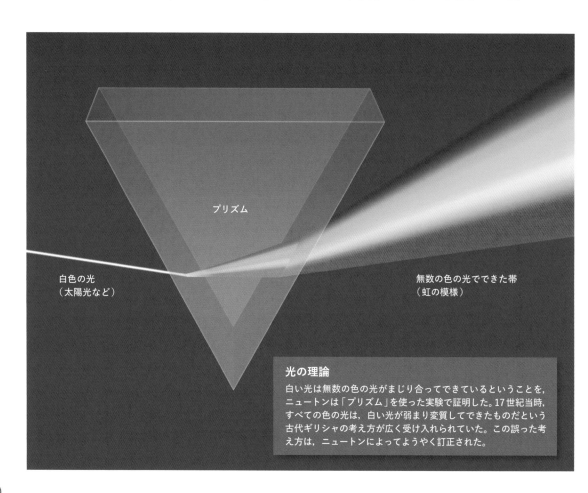

プリズム

白色の光
（太陽光など）

無数の色の光でできた帯
（虹の模様）

光の理論
白い光は無数の色の光がまじり合ってできているということを，ニュートンは「プリズム」を使った実験で証明した。17世紀当時，すべての色の光は，白い光が弱まり変質してできたものだという古代ギリシャの考え方が広く受け入れられていた。この誤った考え方は，ニュートンによってようやく訂正された。

のちの火種となる
ニュートンの「公表ぎらい」

　さまざまな驚異的な発見をなしとげたにもかかわらず，それらの成果がすぐに公表されることはなかった。なぜならニュートンは，成果の公表をいやがったためだ（成果を公表することで，論争に巻きこまれるのをきらったためともいわれている）。

　たとえば，微積分に関するニュートンの成果が正式に公表されたのは，1666年の発見からおよそ40年もあと（1704年）のことである。この「公表ぎらい」のせいで，微分積分法を先に発明したのはだれかというはげしい争いが勃発してしまう（微積分の先取権に関するライプニッツとの争いについては，6章でくわしく紹介する）。

　実はニュートンは，数学，物理学，天文学などに関する科学的見解について，たびたびほかの科学者たちとの論争に発展している。ニュートンは気むずかしく，はげしい気性の持ち主だったようで，敵対した相手に対して，時に容赦ない仕打ちをしている。

　たとえば，ニュートンは後年，はげしい確執があったロバート・フック（1635 ～ 1703）の後任として，イギリスの科学団体である王立協会の会長に就任したが，就任するとすぐに前会長であるフックの肖像画を一つ残らず処分させている。これに

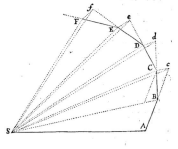

プリンキピア（↑）
天体の楕円運動に関して書かれた『プリンキピア』の，ある1ページ。この本は"世界のしくみ"を説明する画期的なものだったが，非常に難解で，当時その内容を正しく理解できた人はほんのわずかだったという。

より，フックの肖像画は一枚も現存していない。

錬金術師ニュートンと
神学者ニュートン

　数学や物理学の傑出した才能を見いだされたニュートンは，1669年，27歳の若さでケンブリッジ大学の「ルーカス教授職」に就く[※2]。ニュートンは週に一度，学生相手に講義を行ったが，あまりに難解なためか，出席者は少なかったそうだ。

　ニュートンは数学と物理学のほか，錬金術や神学にも強い興味を抱き，熱心に研究していたことが知られている。錬金術とは，さまざまな物質を化学的な方法を用いて「金」にかえる方法のことだ。ニュートンは1670年前後，とくに錬金術に打ちこんでいたことが，のちに発見された研究ノートから判明している。彼は，錬金術について書かれた古い文献を読み，古代の知識を復元しようとしていたという。

※2：ニュートンはこの教授職を，30年以上にわたってつとめた。

同じころ，ニュートンは聖書の研究にも力を入れている。聖書を分析し，そこに秘められた神の啓示を解読しようとした。錬金術の研究と同じく，聖書の原典を解読することで，古代に失われた知恵を取りもどそうとしたそうだ。

ニュートンが書いた神に関する文書は，物理学や数学，天文学について書かれたものよりも多いといわれている。ニュートンは物理学や数学のことを，神がつくった世界を読み解くための言葉だと考えていたらしい。

国会議員や造幣局長官 としても活躍した

1687年，歴史的大著『プリンキピア』が出版され，ニュートンは天才科学者として，国際的な評価をしだいに高めていった。その後，ニュートンは神経衰弱におちいることもあったが，国会議員や造幣局長官を歴任している。国会議員としては目立った活動が伝えられていないが，造幣局長官をつとめていたときには，硬貨の偽造グループの首謀者をとらえて処刑するなどの活躍をしたという。

さらに王立協会（105ページ参照）の会長となり，科学者としてはじめて「ナイト」の称号をさずかるなど，イギリスの科学界のトップに君臨した。

ニュートンは体が丈夫だったといわれているが，晩年は腎臓の病気をわずらった。そして1727年3月20日に，84歳で息を引きとっている。なお，生涯独身だったため，子どもはいない。

ニュートンは国の英雄として国葬が行われ，遺体はロンドンのウェストミンスター寺院に埋葬されている。ニュートンと同時代の詩人アレキサンダー・ポープは，ニュートンの墓碑銘として次のような言葉を贈っている。

「自然と自然の法則は，夜の闇に包まれていた。神は言った，『ニュートンあれ！』。すると，すべては光の中にあらわれた」[3]

※3：ニュートンの墓碑銘の原文
Nature and Nature's laws lay hid in night:
God said, Let Newton be! and all was light.

ウェストミンスター寺院。ニュートンをはじめ，チャールズ・ダーウィン，スティーブン・ホーキングなど，さまざまな英国の偉人が眠っている。

アイザック・ニュートン略年譜

1642年（誕生）	クリスマスの日に生まれる
1661年（18歳）	ケンブリッジ大学に入学
1665年～1666年 （22～23歳ごろ）	微積分，万有引力の法則，光の理論について発見（驚異の年）
1669年（27歳）	ケンブリッジ大学の数学教授になる
1671年（29歳）	反射望遠鏡を作製し，王立協会へ寄贈
1684年（42歳）	『プリンキピア』執筆を開始
1687年（45歳）	『プリンキピア』が出版される
1689年（47歳）	国会議員になる
1693年（51歳）	神経衰弱になる
1699年（57歳）	造幣局の長官になる
1703年（61歳）	王立協会の会長になる
1704年（62歳）	『光学』が出版される。微積分に関する成果もこの本にはじめて掲載される
1705年（63歳）	女王からナイトの称号をさずかる
1727年（84歳）	ロンドンの自宅で亡くなる

左は，ニュートンの誕生から亡くなるまでの年譜。年号はすべてユリウス暦である。

＊参考文献：『数学を育てた天才たち』（青土社），『ニュートン あらゆる物体を平等にした革命』（大月書店）

ニュートンの死後，型どりされた顔（デスマスク）。膀胱（ぼうこう）にできた結石（けっせき）の悪化が死因だったとされている（＝微分積分学［calculus］をつくり，結石（同じく英語で［calculus］で亡くなった）。

微分と積分の統一

協力　高橋秀裕

執筆　足立恒雄／神永正博

　5章では，古代ギリシャに端を発する「積分」とニュートンがつくりあげた「微分」とが，ニュートンによって統一されていくようすをみていく。

　なお，ニュートンには，数学や自然科学の分野で多くの業績を残すことができた理由を問われた際，「自分が人より遠くを見渡すことができたのは，巨人の肩に立っていたからだ」と答え，先人たちの業績をたたえたという話もある。

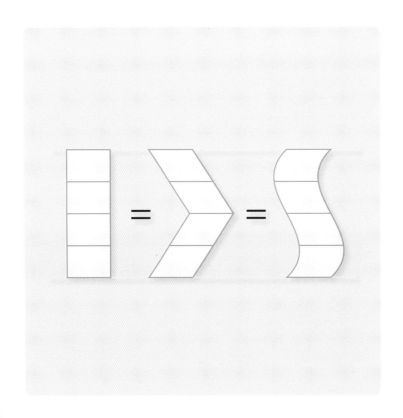

5

積分の起源は
2000年以上前の古代ギリシャにさかのぼる

本章では,微分と積分の統一についての歴史をみていこう。

直線に囲まれた領域の面積を求めることは,むずかしくない。しかし,曲線に囲まれた領域の面積を求めるのは,困難なことが多い。たとえば,右ページAのような「放物線と直線で囲まれた領域の面積」を求めるには,どうすればよいだろうか。

古代ギリシャの数学者であり物理学者であるアルキメデス(前287ごろ〜前212ごろ)は,著書『放物線の求積』において,放物線と直線で囲まれた領域の面積の求め方を示している。その方法は,放物線の内側を無数の三角形で埋めつくすことで面積を求めるというもので,「取りつくし法」とよばれている。取りつくし法は,曲線に囲まれた

領域の面積を求める現代の「積分(法)」につながる考え方だ。

アルキメデスはまず,放物線と直線で囲まれた領域から,放物線の内側に接する(内接する)三角形をえがいた(B)。次に残った部分で,同じように三角形をえがいた(C)。この作業をくりかえしていくと,最終的には放物線の内側がすべて,三角形によって埋めつくされることになる。

アルキメデスは,最初にえがいた三角形の面積を1とすると,次にえがいた小さな三角形は$\frac{1}{8}$,その次にえがいたさらに小さな三角形はその$\frac{1}{8}$(最初の三角形の$\frac{1}{64}$)であることを示した。

そして,これらの三角形を"無限に"足しあわせた合計,すなわち放物線の内側の面積が,最初の三角形の$\frac{4}{3}$となることを証明したのである。

アルキメデス(→)
古代ギリシャ時代に,シチリア島のシラクサで活躍した数学者(物理学者)で,「アルキメデスの原理」などで知られる。アルキメデスの原理とは,浮力の大きさが,水中にある物体の体積と同量の水の重さ(=物体が押しのけた水の重さ)に等しいというものだ。アルキメデスはほかにも「てこの原理」を発見したり,円周率の近似値を求めたりしている。

当時のギリシャ人は,純粋な数学の理論を尊び,実生活で役立つ応用や技術はいやしむべきものと考えていた。しかし,アルキメデスは技術や工学などの応用にも興味をもち,さまざまな機械を発明したといわれている。

A.

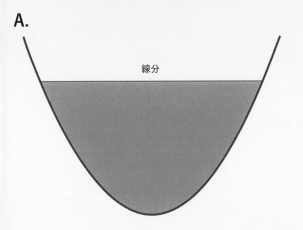

線分

放物線で囲まれた領域の
面積を求める「取りつくし法」

アルキメデスは，放物線と線分で囲まれたオレンジ色の領域の面積（**A**）を，区分求積法と似た「取りつくし法」で求めた。まず，線分を底辺として，三角形の高さが最大となるように頂点を決める（**B**）。このときの三角形の面積を1とすると，**A**のオレンジ色の領域の面積は $\frac{4}{3}$ になることをみちびいた（**C**）。

B.

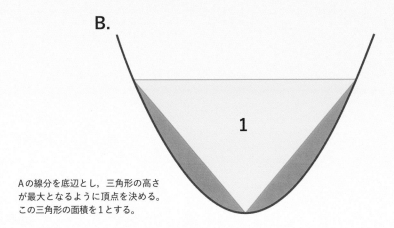

1

Aの線分を底辺とし，三角形の高さが最大となるように頂点を決める。この三角形の面積を1とする。

C.

Aのオレンジ色の領域の面積
＝無数の三角形の面積の合計
＝ $\frac{4}{3}$

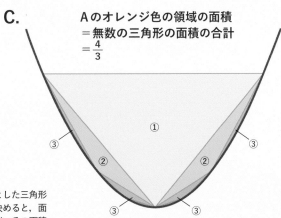

②は，①の三角形の底辺以外の二つの辺を新たに底辺とした三角形である。②の三角形の高さが最大となるように頂点を決めると，面積は $\frac{1}{8}$ になる。③の三角形の頂点も同様にして決めると，その面積は $\frac{1}{64}$ になる。アルキメデスは同様の作業をくりかえすことで，面積を求めたい領域を無数の三角形で埋めつくしていった。

惑星の運動の法則や ワインだるの容積を求めた「ケプラーの求積法」

　面積を求めるとき,「無限に小さい部分に分けてそれらを足しあわせる」というアルキメデスの発想を,天文学に応用した人物がいる。それが17世紀のドイツの天文学者,ヨハネス・ケプラー(1571～1630)である。

　ケプラーは1604年ごろ,彼の師である天文学者ティコ・ブラーエ(1546～1601)が残した膨大な火星の観測記録をもとに,火星の軌道を正確に計算できる方法はないかとさまざまな計算を試していた。

　試行錯誤の末に彼がたどりついたのが,現在「ケプラーの第二法則」として知られる法則である。これは,「一定時間に,太陽と火星を結ぶ直線が通るところのおうぎ形の面積は等しい」というものだ。**ケプラーは太陽**

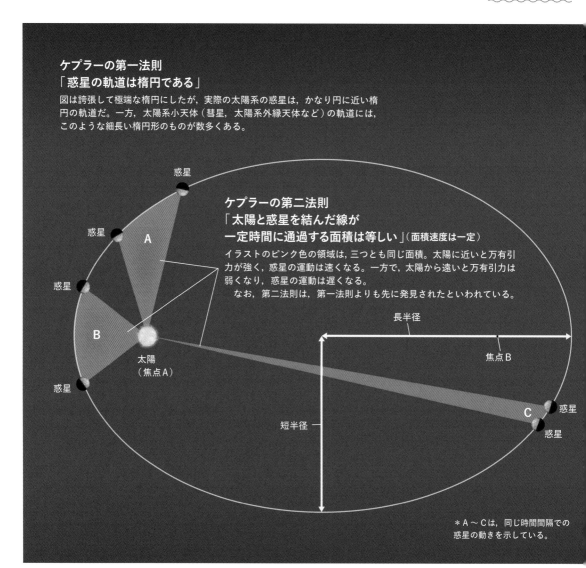

ケプラーの第一法則
「惑星の軌道は楕円である」
図は誇張して極端な楕円にしたが,実際の太陽系の惑星は,かなり円に近い楕円の軌道だ。一方,太陽系小天体(彗星,太陽系外縁天体など)の軌道には,このような細長い楕円形のものが数多くある。

惑星

惑星

A

惑星

B

惑星

惑星

太陽
(焦点A)

ケプラーの第二法則
「太陽と惑星を結んだ線が
一定時間に通過する面積は等しい」(面積速度は一定)
イラストのピンク色の領域は,三つとも同じ面積。太陽に近いと万有引力が強く,惑星の運動は速くなる。一方で,太陽から遠いと万有引力は弱くなり,惑星の運動は遅くなる。
　なお,第二法則は,第一法則よりも先に発見されたといわれている。

長半径

焦点B

短半径

C

惑星

惑星

＊A～Cは,同じ時間間隔での惑星の動きを示している。

と火星を結ぶ直線が通ってできるおうぎ形の面積を，アルキメデスのように無限に小さな三角形に分けて足しあわせることで計算したのである。

ケプラーは試行錯誤と膨大な計算によって，この結論を得た。

ただし，曲線に囲まれた部分の面積を求めるという，積分法の一般的な計算法を開発したわけではないため，この時点では積分法が完成したとはいえない。

なおケプラーは，無限に分けて足しあわせるという考え方を

応用して，下図のようなワインだるの容積を求める方法も考案している（『ワインだるの新立体幾何学』(Nova stereometria doliorum vinariorum, 1615)）。

1. 棒を差してワインの量を見積もる（正確ではない）

2. たるを円盤の集まりとみなす

3. 各円盤の体積を足しあわせる（積分の考え方）

ワインだるの体積を求める

ワイン商人が，たるに入ったワインの量を，差し入れた棒がぬれた長さから計算している（1）ことに疑問を感じたケプラーは，ワインだるのような曲線に囲まれた立体の体積を求める方法を考案した。ケプラーは，ワインだるを無限に薄い円盤の集まりとみなした（2）。こうすると，各円盤の体積は（円の面積）×（厚み）として計算することができ，各円盤の体積をすべて足しあわせれば，ワインだるの体積が求まる（C）。

ヨハネス・ケプラー

ケプラーは，ドイツの小さな町ヴァイル・デア・シュタットで，居酒屋の長男として生まれた。体が小さく病弱だったが，数学と天文学，神学に打ちこみ大学の修士号を取得する。その後，プラハで天体観測を行っていたティコ・ブラーエの弟子となったケプラーは，そこでの観測データをもとに「ケプラーの法則」を発見する。

さまざまな輝かしい業績を残すが，宗教戦争に巻きこまれて職や住所を転々とし，妻や子どもを天然痘で亡くしたうえ，年老いた母に魔女の嫌疑がかけられるなど，波乱に満ちた生涯を送った。

17世紀に洗練された
積分の技法

17世紀において，積分の発展に大きな役割を果たしたのが，二人のガリレオの弟子，イタリアのボナヴェントゥーラ・カヴァリエリ（1598～1647）と，エヴァンジェリスタ・トリチェッリ（1608～1647）である。

カヴァリエリは幼いころに神学を学んでいたことから，キリスト教の修道士をしていた。しかし，ガリレオの弟子であるベネディット・カステッリ（1578～1643）と出会い，数学の勉強をはじめたといわれている[※]。

カヴァリエリは，ケプラーのワインだるの体積を求める方法にヒントを得て，面積や体積を求めるための新しい考え方を示した。それは，「面」を無限に小さく分割すると「線」になり，「立体」を無限に小さく分割すると「面」になるというものだ。これは逆にいえば，線（面）を無数に積み上げれば面（立体）

線から「面」ができ，面から「立体」ができる

カヴァリエリは，「面」を無限に細かく分割すると「線」になり，「立体」を無限に細かく分割すると「面」になると考えた。彼はこの発想を応用し，カヴァリエリの原理（右ページ）など，面積や体積を求める積分の技法を発達させた。

立体

面

線

面

になるということである。この「カヴァリエリの原理」とよばれる考え方を使うと、一見複雑な形をした図形の面積や体積も、基本となる図形や立体との比較から求めることができる。

批判を浴びた
カヴァリエリの原理

カヴァリエリが「カヴァリエリの原理」にたどりついたのは、1621年（23歳）ごろだといわれている。この考え方が正式に発表されたのは、1635年の著書『ある新しい方法で推進された不可分者による連続体の幾何学』においてである。"不可分者（indivisibilia）"とは、無限に小さく分割されたものを示す、彼が考えた言葉だ。

カヴァリエリの原理は、考え方はまちがっていなかった。だが、著書での説明が数学的に厳密でなかったため、発表当時は多くの批判にさらされた。

ちなみにカヴァリエリは、この原理のほかにも、対数を使った計算方法をイタリアに紹介したことでも知られている（→次節につづく）。

※：その後ガリレオに数学を学び、すぐれた才能を発揮したようだ。そして1629年、イタリアのボローニャ大学の数学教授となった。

カヴァリエリの原理

右にえがいたような三つの図形A、B、Cを平行な直線で切ったとき、その切り口の幅がつねに同じであれば、三つの図形の面積は等しいという法則が、カヴァリエリの原理である。

立体の体積についても、同じことが言える。平行な面で切ったときの切り口の面積がつねに等しい二つの図形DとEは、その体積が等しくなる。

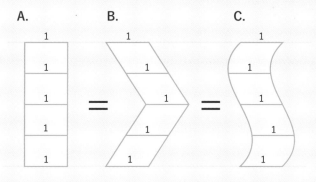

ボナヴェントゥーラ・
カヴァリエリ

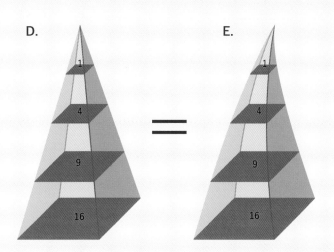

カヴァリエリの考え方を発展させた トリチェッリ

一方, イタリアのファエンツァで織物職人の長男として生まれたトリチェッリは, カステッリに数学を学んだあと, 1641年にガリレオの弟子となった。

トリチェッリはとても有能で, ガリレオからの信頼も厚かったという。たとえば, 両目を失明していたガリレオにかわり, ガリレオ最後の著書である『新科学論議』の一部を, 口述筆記して手助けをしたことが知られている。

しかしガリレオは翌年1月に亡くなってしまったため, 師弟関係はわずか数か月で終わってしまったようだ。

ガリレオの死から約2年がたった1644年, トリチェッリは『幾何学著作集』という本を出版した。彼はこの中で, カヴァリエリの不可分者の考え方を独自に発展させた, **放物線やサイクロイド（右ページ上段・右）に囲まれた領域の面積の求め方・接線の引き方などを紹介している。**

"面積を求める方法"には欠点もあった

ここまでみてきたように, 紀元前の昔から17世紀に至るまで, さまざまな研究者たちが「曲線に囲まれた領域の面積を求める方法」を研究した。しかし, 面積を求めたい領域を細かい図形に分割し, 足しあわせる計算は非常にめんどうで, 厳密には正確さにも欠けていた。

積分にまつわるこれらの課題は, 微分と同じように, このあとに登場するニュートンによって, あざやかに解決されることになるのである。

人類ではじめて「真空」をつくったトリチェッリ

実は, トリチェッリの業績として最も有名なのは, 数学の成果ではなく, 物理（真空）に関する実験である。

当時, 管の中の空気を抜くことで, 井戸から水を吸い上げるポンプが使われていた。管の空気を抜くと, 「自然は真空をきらう」ので, 真空ができないように水が吸い上げられると考えられていたのだ。"自然は真空をきらう"というのは, 古代ギリシャの哲学者アリストテレスの考え方である。アリストテレスは, 世界は何らかの物質で満たされていると考え, 何もない空間（真空）の存在を否定した。この考え方は, 17世紀になっても根強く信じられていた。

この謎を解き明かしたのが, トリチェッリである。トリチェッリは, 大気の重さで井戸の水面が押されるため, 管の中の水が持ち上げられると考えた。そして, 大気が水面を押す力の大きさでは, 水を10メートルの高さにまでしか持ち上げられないと想像したのである。1643年, トリチェッリは水の約14倍重い（密度が大きい）水銀を使って実験を行った。それは, 片方の端が閉じたガラス管に水銀を満たし, 空気が入らないようにして, そのガラス管の開いた端を水銀の入った容器に立てるというものだ（右図）。すると, ガラス管の中の水銀の高さは, 容器の液面から約76センチメートルになった。これは, 水に換算すると約10メートルになる高さだ。そしてガラス管の上部には空洞, つまり真空がつくられたのである。これは, 人類がはじめて真空の存在を確認した瞬間だった[※]。

※：厳密にいえば, 揮発した水銀の蒸気がわずかに含まれるので, 空洞には何もないわけではない。

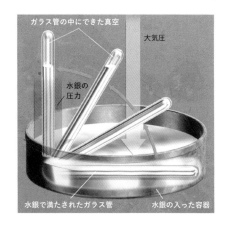

ガラス管の中にできた真空
大気圧
水銀の圧力
水銀で満たされたガラス管
水銀の入った容器

直線上で円をころがしたときに, 円周上の一点がえがく曲線を「サイクロイド」という。

サイクロイドには, 興味深い特徴がある。たとえば, 1回転分（AからA′）の曲線の長さは, 円の直径の4倍である。また, 1回転分の曲線（曲線AA′）と円をころがした直線（直線AA′）に囲まれた領域の面積は, 円の面積のちょうど3倍となる。

エヴァンジェリスタ・トリチェッリ

トリチェッリの名声は, ガリレオの晩年の愛弟子として当時, 「最高の幾何学者」の名をほしいままにするほどであった。

なお, トリチェッリは, ガリレオとカヴァリエリの考えを発展させて, 曲線を回転させてできる立体の体積を求める方法も考案している（→120ページ）。

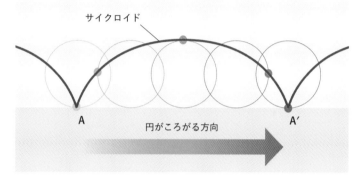

サイクロイド

A　円がころがる方向　A′

サイクロイドは特別な曲線のように思えるが, 私たちの生活の中でも見られる。一部の橋のアーチは, その一例だ（写真は山口県の錦帯橋：きんたいきょう）。

あらゆる高さに対する断面積が同じなら
体積は同じ「カヴァリエリの原理」

執筆　神永正博

114ページで紹介したカヴァリエリの原理にしたがえば，たとえどんなに形がことなる立体でも，「あらゆる高さに対する切り口の面積が等しければ，二つの立体の体積は等しい」ということになる。そこで，次のような例を考えてみよう。

半球とすり鉢形の断面積を求める

下に示したのは「半径Rの半球」と，「底面が半径R，高さもRの円柱から，円錐を取り除いたすり鉢形の立体」である。あなたはこれら二つのうち，どちらの体積のほうが大きいと思うだろうか。

答えは「同じ」である。中学の数学で習う球や円錐の体積を求める公式を使って確かめるこ

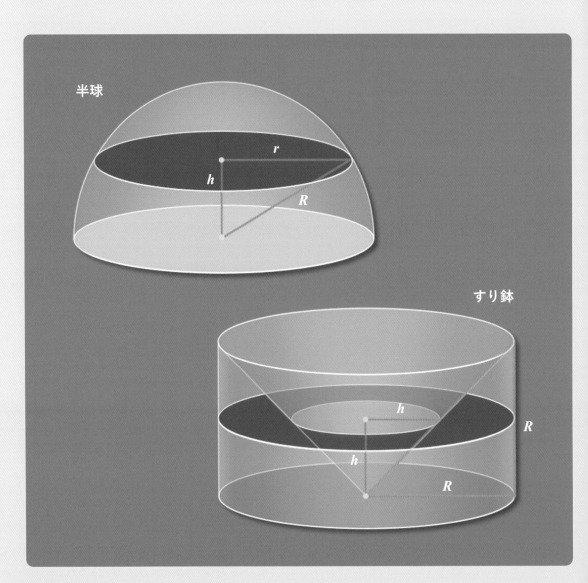

半球

すり鉢

ともできるが，カヴァリエリの原理を使うと，簡単に証明することができる。具体的には，二つの立体の高さはいずれもRで同じなので，カヴァリエリの原理にしたがえば，すべての切り口の面積が等しいことを証明すればよいことになる。そこで，高さhで切ったときの，それぞれの断面積を求めてみることにしよう。

まず，半径Rの半球の場合，断面はすべて「円」である。高さhで切ったときの断面の円の半径をrとすると，断面積は，

$$半径r×半径r×\pi = \pi r^2$$

となる。これを，Rを使ってあらわせば，三平方の定理から$R^2 = h^2 + r^2$なので，

$$\pi r^2 = \pi (R^2 - h^2) \cdots\cdots ①$$

とあらわすことができる。

一方，すり鉢形の場合はどうだろうか。高さhで切ったときの断面は，外径R，内径hの「ドーナツ形」になっていることがわかる（下図・下段）（真横から見た図において，ピンクで示した二つの三角形は，どちらも直角二等辺三角形）。

このドーナツ形の面積は，半径Rの円の面積から，半径hのドーナツの穴の面積を引くことで得られる。つまり，

半径Rの円の面積
　－半径hの円の面積
$= \pi R^2 - \pi h^2$
$= \pi (R^2 - h^2) \cdots\cdots ②$

となる。この式は，①とぴったり一致する。したがって，カヴァリエリの原理から，「二つの立体の体積は等しい」という結論がみちびきだされた。

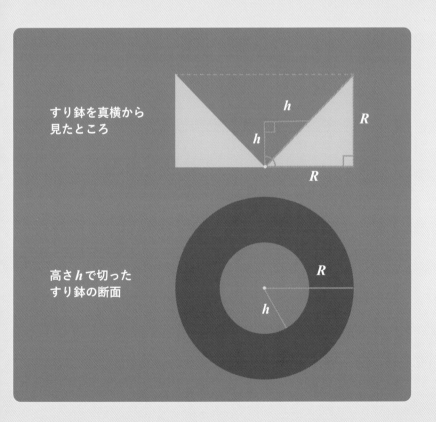

すり鉢を真横から見たところ

高さhで切ったすり鉢の断面

双曲線を回転させた長さ無限大，体積が有限な立体「トリチェッリのトランペット」

執筆 足立恒雄

　トリチェッリは，カヴァリエリの考えを発展させて，曲線を回転してできる立体の体積を求める方法を考案した。

　その一つに，下図のような立体がある。これは，双曲線を軸まわりに回転させてできる立体で，「トリチェッリのトランペット」，あるいは「ガブリエルのラッパ」（大天使ガブリエルが，最後の審判を告げる際に鳴らすラッパのこと）とよばれるものだ。

　この立体は，無限の長さをもつ一方で，内部の体積が有限であるという特徴をもっている。トリチェッリは，この立体の体積が有限であることを，次のような要領で示した。

　まず，この"トランペット"に内接する，厚さが無限小の円筒を考える。どのように円筒をとっても，その表面積は同じ値になる（**A**に双曲線が $y = \frac{1}{x}$ の場合を示した）。

　さて，内接する無数の円筒を集めると，トランペットの内部を埋めつくすことができる。つまり，右ページ**B**の円筒ABCDの直径を0からEFまでかえていき，それらの無数の円筒を足

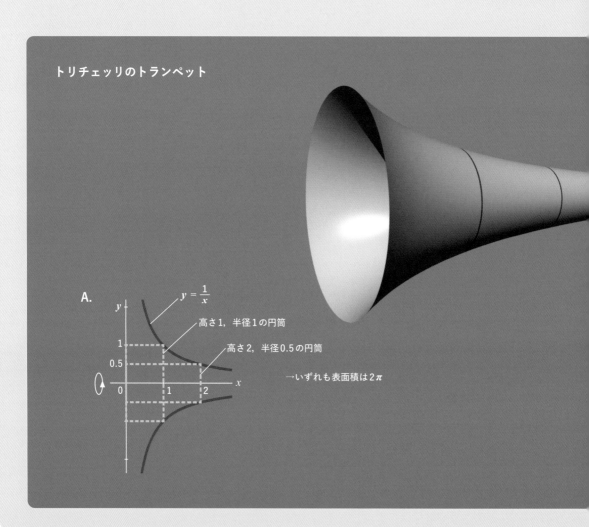

トリチェッリのトランペット

A.

$y = \frac{1}{x}$

高さ1，半径1の円筒

高さ2，半径0.5の円筒

→いずれも表面積は 2π

しあわせると，立体EFGIHになるのである（Iは無限大の点）。

ここで，トランペットに内接する無数の円筒の表面積は，すべて同じ値だった。このことから，トリチェッリは次のような定理を見いだした。

立体EFGIHの体積
＝円柱JKLMの体積＝有限

＊ただし円柱JKLMの底面積は，トランペットに内接する円筒の表面積と同じ。

立体EFGIHから円柱EFGH（有限の体積）を除いた部分がトランペットの内部の体積なので，トランペットの体積が有限であることが示された。

トリチェッリの生きた時代は，「無限」という概念が発展途上であり，無限と有限が結びついた立体の発見は，衝撃的だったようだ。

なお，このトランペットの体積は，現代の積分を使えば簡単に求めることができる。双曲線が$y = \frac{1}{x}$で，xが1以上の場合，その値は，

$$\int_1^\infty \pi \left(\frac{1}{x}\right) 2\,dx$$

$$= \pi \int_1^\infty x^{-2}\,dx$$

$$= \pi \left[\frac{1}{-2+1}x^{-2-1}\right]_1^\infty$$

$$= \pi \left[-x^{-1}\right]_1^\infty$$

$$= -\pi \left[\frac{1}{x}\right]_1^\infty$$

$$= -\pi \left(\frac{1}{\infty} - \frac{1}{1}\right)$$

$$= -\pi \left(0 - 1\right)$$

$$= \pi$$

となる。

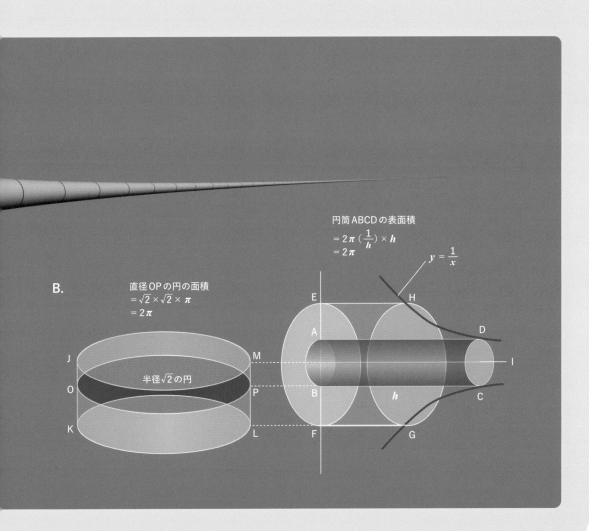

円筒ABCDの表面積
$= 2\pi \left(\frac{1}{h}\right) \times h$
$= 2\pi$

$y = \frac{1}{x}$

B.

直径OPの円の面積
$= \sqrt{2} \times \sqrt{2} \times \pi$
$= 2\pi$

半径$\sqrt{2}$の円

計算のわずらわしさを
ニュートンが一気に解決した

ニュートンの話にいく前に，まずは積分の簡単な例として，関数のグラフにおいて，直線に囲まれた領域の面積を計算してみよう。

下の**A1**のように，$y = 1$の直線の下側の面積（緑色の長方形）を考える。y軸と平行な直線（ピンク色の線）のx座標が「x」のとき，緑色の長方形の底辺の長さは「x」である。高さは「1」なので，緑色の長方形の面積は，底辺（x）×高さ（1）で「x」となる。

ピンク色の線のx座標と，緑色の長方形の面積の関係をえがいたのが，**B1**のグラフである。**B1**のyは，**A1**の緑色の長方形の面積の値となっている。緑色の長方形の面積はxなので，$y = x$のグラフとなる。

今度は，**A2**の$y = 2x$の直線の下側の面積（緑色の三角形）を計算してみる。すると面積は，

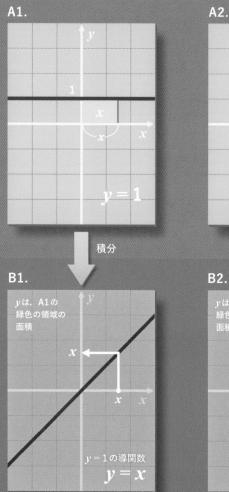

A1.
$y = 1$

A2.
$2x$
x^2
$y = 2x$

面積をあらわす関数を求めてみると…

右の「y軸と平行な直線（ピンク色の線）のx座標」と「緑色にぬられた部分の面積」の関係をグラフにえがいたものが，下図（**B**）である。

これらの関数は，「導関数」と「その元になる関数」の関係になっている。**B**の関数を，**A**の関数の原始関数とよぶ。

積分

B1.
yは，**A1**の緑色の領域の面積
x
$y = 1$の導関数
$y = x$

B2.
yは，**A2**の緑色の領域の面積
x^2
$y = 2x$の導関数
$y = x^2$

Aの関数を積分して得られる原始関数のグラフ（→）
（Aの緑色の領域の面積をあらわす関数のグラフ）

底辺（x）×高さ（$2x$）÷2で「x^2」となる。

B1と同じように、ピンク色の線（y軸と平行な直線）のx座標と、緑色の三角形の面積の関係をえがいたのがB2である。グラフは$y = x^2$の曲線となる。

これらのグラフのペアは、上下の配置はことなるが、43ページで紹介した関数と導関数のペアと同じだ。

43ページでは、$y = x^2$を微分すると導関数$y = 2x$が得られた。ここでは$y = 2x$の直線の下側の面積を求める計算、すなわち積分を行うと、$y = x^2$が得られた。

ニュートンは1665年ごろ、この不思議な微分と積分の逆の関係を発見した。**これは「微分積分学の基本定理」とよばれている。** そしてニュートンは、この関係を利用することで、これまでの積分の課題を一気に解決したのである。

たとえば、A3のような「曲線に囲まれた領域」（緑色の部分）の面積を知りたいとき、細かい図形に分割する必要はない。そのかわりに、**微分すると元の関数にもどる関数（原始関数）を見つければよいのだ。** すなわち原始関数は、「線の下側の面積を正確にあらわす式」なのである（B3）。

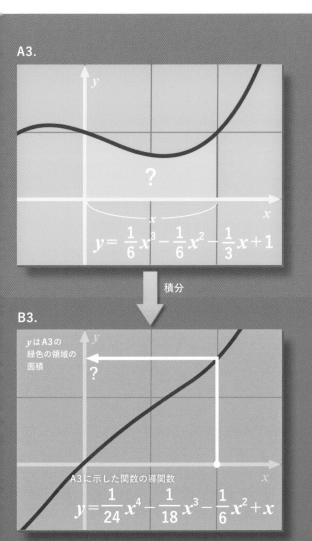

A3.

$$y = \frac{1}{6}x^3 - \frac{1}{6}x^2 - \frac{1}{3}x + 1$$

積分

B3.

yはA3の緑色の領域の面積

A3に示した関数の導関数

$$y = \frac{1}{24}x^4 - \frac{1}{18}x^3 - \frac{1}{6}x^2 + x$$

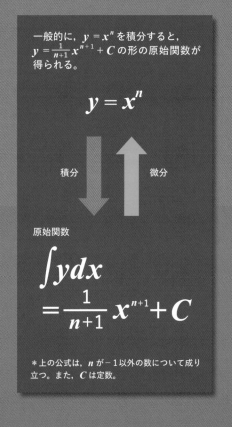

一般的に、$y = x^n$を積分すると、$y = \frac{1}{n+1}x^{n+1} + C$の形の原始関数が得られる。

$$y = x^n$$

積分　　　微分

原始関数

$$\int y\,dx = \frac{1}{n+1}x^{n+1} + C$$

＊上の公式は、nが-1以外の数について成り立つ。また、Cは定数。

微積分による計算どおりにやってきたハレー彗星

ここで，ニュートンの微積分の威力を世に知らしめた"事件"を紹介しよう。

微積分や万有引力の法則など，ニュートンの偉業は17世紀後半になって，ようやく公表された（105ページ参照）。その内容を理解した学者たちは，革命的な手法に驚嘆したという。

ニュートンと親交のあった天文学者，エドマンド・ハリー（1656～1743）は，ニュートンがつくりだした微積分の技法と物理法則を習得し，当時の天文学の問題の一つであった「彗星の軌道」を計算した。

その結果，1531年・1607年・1682年に飛来した彗星の軌道の特徴が，非常によく似ていることに気づいた。そして，これらの彗星が同一であることを見抜いたのである。

ハリーは軌道を正確に計算し，「1758年に彗星がふたたび地球にやってくる」という予言をした。これが，のちの「ハレー彗星（ハリー彗星）」である。

当時，彗星は神秘的なものであり，不吉な出来事の予兆などと信じられていた。しかし，その到来が微積分という数学と物理法則によって計算できると，ハリーは宣言したのだ。

そして，1758年のクリスマス。彗星はほぼハリーの予言どおり，ふたたび夜空に姿をあらわした。

これは，ニュートンがつくりあげた微積分が，迷信や神秘主義を打ち破り，その正しさを示した瞬間でもあった。

金星

地球

ハレー彗星の飛来

彗星はハリーの予言どおり，1758年の年末から翌1759年にかけて地球に接近した。イラストは，そのときの太陽系中心部である。

ニュートンが「彗星の軌道は，円錐曲線（円，放物線，楕円，双曲線）のいずれかである」と推測していたため，ハリーは過去の彗星の記録を多数集めた。そして計算により，彗星の軌道が「楕円」であることを明らかにした。

なお，通常彗星には発見者の名前がつけられるが，ハリー（ハレー）の名がついたのは，彼の功績がたたえられたことによる。

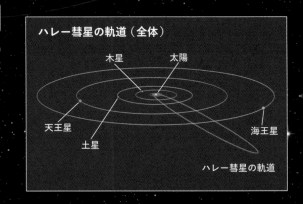

ハレー彗星の軌道（全体）

木星　太陽　天王星　土星　海王星　ハレー彗星の軌道

太陽

水星

火星

ハレー彗星

ハレー彗星の軌道

6 章

創始者をめぐる争い

協力・執筆　髙橋秀裕

　もう一人の微積分の創始者といわれる人物が，ライプニッツである。6章では，ニュートンとライプニッツの間に生じた微積分の創始者をめぐるはげしい争いや，二人の時代以降，現代に至るまでに微積分が発展していくようすを紹介していく。

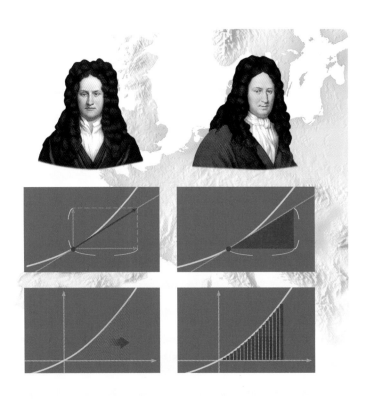

6

微積分のもう一人の“主人公”
ゴットフリート・ライプニッツ

4章と5章では，ニュートンが微積分の基本定理発見に至るまでの流れを中心にみてきた。本章では，ニュートンと並ぶこの物語のもう一人の主人公，ライプニッツを紹介していこう。

ゴットフリート・ヴィルヘルム・ライプニッツ（1646 ～ 1716）は，ドイツのライプツィヒで生まれた。父は大学の哲学教授で，自身も15歳で父と同じライプツィヒ大学に入学した。途中，イェーナ大学に留学し，数学を学んでライプツィヒ大学にもどると，法学と哲学の学位を取得している。

自動計算機を発明した

大学を出たライプニッツは，大学教授になる道ではなく，各国の王家に仕える仕事を選んだ。そして1672年，ライプニッツは当時仕えていた主君の命によって，外交官としてパリに派遣された。その目的は，エジプトに攻め入るよう，フランス国王ルイ14世を説得するというものだ。

ライプニッツは残念ながら説

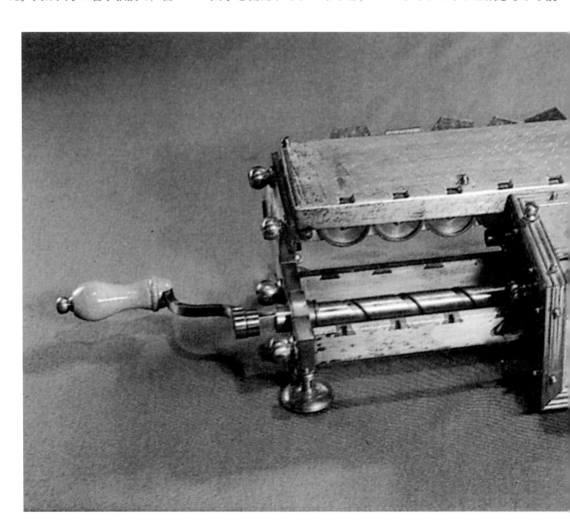

得することはできなかったが，物理学者であり数学者であるクリスチアン・ホイヘンス（1629〜1695）や，フランスの科学者たちと，パリで知り合いになることができた。

　パリではパスカルのつくった手まわし計算機を改良し，はるかに性能の高いものをつくった（下図）。歯車を利用した非常に先進的なもので，加減乗除の計算を自動で行うことができた。

　ライプニッツは1673年（27歳）にイギリスへ出張した際，この計算機を王立協会の会員たちに披露した。すると王立協会はライプニッツの優秀さをただちに認め，協会の会員に選んだという。

　ライプニッツは1676年まで，パリに滞在していた。このとき数学の研究に打ちこみ，ニュートンとは独立して，微積分の基本定理を発見したと考えられている。

　ちなみにライプニッツは同年，ドイツのハノーファーのフリードリヒ侯からの要請を受けてハノーファーへ移り，図書館長や顧問官など多くの役職をつとめた。以降，ライプニッツは生涯にわたり同地に住むことになる（→次節につづく）。

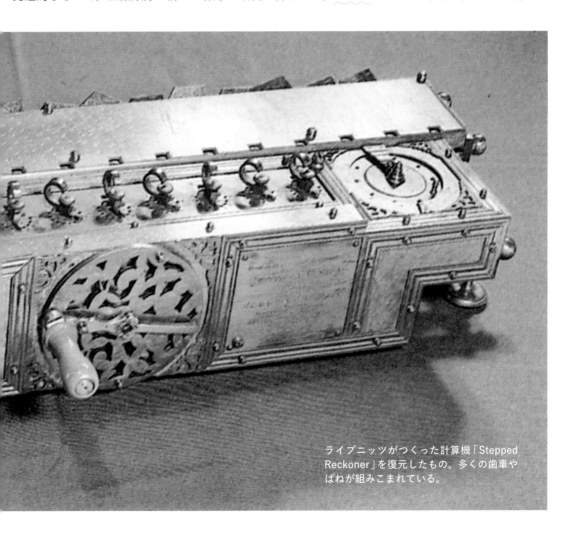

ライプニッツがつくった計算機「Stepped Reckoner」を復元したもの。多くの歯車やばねが組みこまれている。

ライプニッツは
数学の分野でさまざまな業績を残している

ライプニッツは数学の分野で，さまざまな業績を残している。たとえば，現在「2進法」とよばれる数のあらわし方の考案だ。私たちがふだん使う「10進法」では，0，1，…，9の10個の数字を使ってすべての数をあらわすが，2進法では0と1の二つの数字だけですべての数をあらわす※。

2進法の原理を使って動いている代表例が，コンピュータである。**ライプニッツによる2進法の研究は，現代社会にも大きな影響をあたえているのだ。**

ライプニッツはまた，人間の思考を記号であらわす「記号論理学」という学問も研究している。思考を記号であらわせば，文字式の計算のように，思考の正しさを論理的に計算できると考えたのである。さらには，行列式や無限級数，位置解析などについても，重要な研究を行っている。

あらゆる学問分野に
興味をもったライプニッツ

ハノーファーにいる間にも，ライプニッツは広く諸外国を旅行し，各国のあらゆる分野の学者と交流や文通を重ねた。

たとえば，哲学の分野では，世界は「モナド（単子）」という微小な単位から構成されているという『単子論』を提唱した（1714年）。物理学（力学）の分野では，運動エネルギーや位置エネルギーなど，現在のエネルギーという概念に近いアイデアを考案した（→133ページ，ミニコラム）。

晩年は，ニュートンとの微積分の創始者をめぐる争いで苦汁を飲まされたり，ライプニッツが最後に仕えた主君がイギリス国王になるためにイギリスに行くときも同行を許されなかったりするなど，不遇なときを過ごした。そして1716年，ライプニッツは70歳で人生の幕を閉じている。

※：2進法では，「$0+0=0$，$0+1=1$，$1+0=1$，$1+1=10$」といった足し算の公式が成り立つ。このうち，最初の三つの式は，すぐに理解できるだろう（10進法の，1，2，3）。2進法では1に1を加えると，1けた「けた上がり」する。すなわち，けた上がりした部分の数が1となり，そのかわりに下のけたが0となる。つまり，2進法において「10」であらわされる数（四つ目の式）は10進法における「2」である。

微分積分学の基本定理はだれが最初に発見した？

ライプニッツもニュートン同様，微分積分学の基本定理を発見したといわれる。どちらが"本物"の創始者なのだろうか。これについては，実は，国をあげてのはげしい争いがあった。本節ではそのあらましを，次節では詳細を紹介する。

ニュートンは長年公表せず

微分積分学の基本定理が発見されたことで，微分と積分は一つのまとまった学問として発展していった。当時本人が書いた原稿などの状況証拠から，**1665年に，ニュートンは微分積分学の基本定理を発見したといわれている**。このときニュートンは22歳で，イギリスにあるケンブリッジ大学の学生だった。

ところが，それらの成果が正式に出版（公表）されたのは，約40年後の1704年である。微積分に限らず，ニュートンは成果をなかなか公表しないことで知られていた。微積分に関しては，当時使っていた数学的な手法に，ニュートン自身が満足していなかった可能性が指摘されている。

一方のライプニッツは，ニュートンより10年遅れて，1675年に独自に微分積分学の基本定理を発見したといわれている。そして，1684年と1686年に，その成果を論文として発表している。つまり，**成果を公表したのは，ニュートンよりライプニッツのほうが先だったのだ**。この事実が，微分積分学の基本定理をどちらが先に発見したかという議論を複雑にした。

ライプニッツはニュートンの支持者から，ニュートンのアイデアを盗んだのではないかという疑いをかけられた。ぬれぎぬを着せられたライプニッツは抗議するが，当時ニュートンは科学界で大きな権力をにぎっていたため，盗用疑惑は世間に広まってしまったという（ライプニッツが生きている間に，それが晴れることはなかった）。

フェルマーらも"発見"までもう一歩だった

ニュートンとライプニッツが天才的な数学者だったのはまちがいないが，ほぼ同時期に微分積分学の基本定理にたどりつけたのは偶然ではない。**当時の数学者たちは基本定理の"一歩手前"まで到達しており，発見するための環境はととのっていたといえる。**

たとえば，ニュートンの約50年前に生まれたデカルトは，座標を使って図形を数式に変換し（あるいは数式を図形に変換し），問題を解く解析幾何学を確立した。デカルトは接線（実際には，接線に垂直な直線である法線）を求める方法などを論じ

ており，それらの方法が書かれたデカルトの本をニュートンも読んでいた。

また，デカルトと同時代のフェルマーも，接線の求め方や曲線に囲まれた面積の求め方を研究し，微積分の要点をいくつか明らかにしている。

微積分の誕生とその評価

それまで別の学問だった微分と積分が，ニュートンとライプニッツによって統一されたことで，微分積分学という数学の新たな分野がつくりだされた。

微積分の応用範囲は非常に広く，現代社会を支えている数学といっても過言ではない。ハンガリー出身のジョン・フォン・ノイマン（1903 ～ 1957）は，数学や物理学のみならず，コンピュータや原子爆弾開発，経済学などさまざまな分野にたずさわり，"20世紀最高の知性"とよばれることもある科学者だ。彼は微積分について，「現代数学が最初に成しとげた成果であり，その重要性はいくら高く評価しても過大にすぎることはない」[※]と述べている。

※：高橋昌一郎『ノイマン・ゲーデル・チューリング』より。

積分

アルキメデス
古代ギリシャの数学者・物理学者。積分の起源となる「取りつくし法」を考案（110ページ参照）。

（←）ケプラー
16 ～ 17 世紀の天文学者。積分の考え方を使い、ケプラーの第二法則を発見（112ページ参照）。

トリチェッリ
17 世紀（1608 ～ 1647）の数学者。曲線に囲まれた領域の面積の求め方などを考案（116ページ参照）。

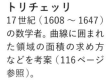

カヴァリエリ（→）
17 世紀（1598 ～ 1647）の数学者。面積や体積を求める際に有用な「カヴァリエリの原理」を提唱（114ページ参照）。

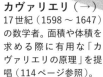

微分

デカルト
17 世紀（1596 ～ 1650）の数学者・哲学者。接線を求める方法などを研究（98ページ参照）。

フェルマー
17 世紀（1601 ～ 1665）の数学者。接線の求め方などを研究（98ページ参照）。

ニュートン
（1642 ～ 1727）

ライプニッツ
（1646 ～ 1716）

微分と積分が統一されるまで

微分と積分の発展の歴史において、重要な成果をあげた人物をまとめた。独立した手法として発展してきた微分と積分が、17 世紀にニュートンとライプニッツによって一つの学問として再構築される。17 世紀以降、多くの研究者たちの尽力により、微分積分学はより使いやすい記号と数学的な厳密さを手に入れ、現在に至る。

現代にもつづくライプニッツの功績

ライプニッツは物理学にも興味をもち、力学現象では運動のエネルギー $mv^2 / 2$ が保存されると主張している。また、1747 年にフランスの物理学者ピエール・モーペルチュイ（1698 ～ 1759）が発見した、力学における「最小作用の法則」を、彼に先立って発見している。

　さらに、神学の分野でもカトリックとプロテスタントを統一しようと試み、そのための会議を開催するなど、ライプニッツの研究範囲は多岐にわたっていた。しかし彼の計画はあまりに膨大であったため、実現したものはそれほど多くなかった。

　1700 年にライプニッツは、その幅広い活動や活躍が認められ、ニュートンと並んでパリ科学アカデミーの最初の外国人会員となった。同年、ライプニッツはプロイセンのフリードリヒ 1 世（1657 ～ 1713）を説得してベルリン科学アカデミーをつくり、その初代会長になった。この協会は、今日でも重要な科学研究団体として存続している。

泥沼化した創始者をめぐる ニュートンとライプニッツの争い

微分と積分は，それぞれ別の学問として発展してきた。それが「微分積分学の基本定理」（122ページ参照）の発見によって，一つのまとまった学問になった。つまり，**基本定理を発見したことが，ニュートンが微積分の創始者とよばれるゆえんなのだ。**

ニュートンの成果は どこまで知られていた？

残された資料から，ニュートンは1665年5月ごろまでには，微分積分学の基本定理について，はっきりと認識していたと考えられている。それが広く世に公表されるのは約40年後であるが，当時もまったく知られていなかったわけではない。ニュートンが書いた原稿の写しは，イギリスの学者たちの限られた範囲において，流通していたのだ。

実は1669年ごろ，ニュートンの数学の論文を出版しようという動きがあった。当時ニュートンの指導教官だった数学者アイザック・バロウ（1630～1677）は，若きニュートンから提出された論文を読んで，その才能におどろいたという。

バロウは，ロンドンで数学書の出版などを手掛けていたジョン・コリンズに，ニュートンの論文の内容を伝える手紙を出した。そして，ニュートンの論文の写しがバロウからコリンズに送られることとなり，コリンズからさらに数人の数学者に，その写しが配られたという。

コリンズはニュートンに出版を強くすすめたが，ニュートンは首を縦にふらなかった。当時すぐに論文が発表されていれば，"数学のプリンキピア"ともいえる歴史的な本になり，数学に革命的な変化をもたらしたとさえいわれている。また，ライプニッツとの間で，創始者をめぐる争いが生じることもなかったかもしれない。

ライプニッツはいつごろ 微積分をつくった？

一方でライプニッツは，1670年代に入り，本格的に数学の研究を開始した。法学，神学，幾何学，言語学など，若くして多方面に才能を発揮していたライプニッツは，数学の分野でも急速に力をつけていく。

1675年ごろ，彼は独自に微分積分学の基本定理に到達した。このときは知る由もないが，ニュートンから10年ほど遅れての発見だった。そして1684年と1686年，ライプニッツは微分積分学の基本定理について書かれた論文を，学術誌上で発表したのである。

現代の基準でいえば，いくらニュートンが先にアイデアを考えついていたとしても，先に学術誌で正式に発表したライプニッツが微積分の創始者ということになる。ところが17世紀当時は，そういった「先取権」に関するルールがきちんと整備されていたわけではなかった。このことから，ニュートンとライプニッツの泥沼の争いがはじまるのである。

アイデアの 盗用疑惑がかけられる

微積分の創始者争いにおいて，ライプニッツにとって不利な「状況証拠」が残っている。それは1676年にライプニッツがロンドンを訪れた際，**前述したコリンズから数学に関するニュートンの論文を読ませてもらい，一部を写し取っていた**ということだ。その論文の中には，微積分に関する成果も含まれていた。このことがのちに，ライプニッツがニュートンのアイデアを盗んだとして告発される大きな原因となったのである。

ライプニッツは前年（1675年）に，微分積分学の基本定理に独自にたどりついていたので，ニュートンのアイデアを盗む必要はなかった。実際，このときは「級数展開」という，**微分積分学の基本定理とは直接関係ない部分しか写し取っていないことが判明している。**

1676年，ニュートンとライプニッツは数学的な成果に関する手紙のやり取りも行っている

ライプニッツの肖像画。
1710年（64歳）ごろにえがかれたもの。

（当時はまだ，二人の間に対立関係はなかった）。やり取りの中で，ニュートンは微積分の手法の一部をライプニッツに伝えている。ただし，そういった手法を使って何ができるのか，つまり微積分に使えるということについては暗号（アナグラム）に変換して書いてあった。ライプニッツにとって，当時は暗号の部分は意味不明だったにちがいない。

周囲を巻きこんだ非難合戦

争いの火ぶたが切って落とされたのは，1699年である。ニュートンの信奉者の一人，スイス出身の数学者ファシオ・ド・デュイリエ（1664 ～ 1753）が，「ニュートンこそが微分積分学の創始者であり，ライプニッツはニュートンのアイデアを盗んだ」と，自分が出した本の中で

ほのめかしたのだ。ライプニッツは怒り，翌1700年，学術誌上に反論を掲載した。ニュートンはこの行為に怒りを感じたはずだが，このときはそれ以上争いが激化することはなかった。

しかし1704年，今度はニュートンが『曲線の求積について（求積論）』を発表し，みずからの微積分についての成果を公表した。あろうことかニュートンは，この本の中で，微積分の手

ライプニッツが1684年に発表した微積分の論文『分数量にも無理量にもわずらわされない極大・極小ならびに接線を求める新しい方法，またそれらのための特別な計算法』の1ページ目。dx など，現代でも使われている微分の表記法が登場する。

法の一部をライプニッツに伝えたことがあると書いたのだ（1676年に送った手紙のこと）。

手紙では暗号に変換してかくしていた核心部分についても，この本の中では種明かしをしている。つまり，微分積分学の基本定理を発見したのは自分が先で，ライプニッツがそれを盗んだとほのめかしたのである。

これに対してライプニッツは激怒し，またも学術誌に反論を掲載する。そして，その後はたがいの支持者たちを巻きこみ，はげしい誹謗中傷（ひぼうちゅうしょう）の応酬がくり広げられた。

そして，争いは最終局面をむかえる。1711年，非難合戦に耐えかねたライプニッツは，イギリスの王立協会に抗議の手紙を送った。公正な判定をくだしてほしいと訴えたのである。

王立協会は1712年に，この微積分の争いに関して調査委員会を立ち上げた。翌1713年には調査結果をまとめた報告書を作成し，各国の学術機関に配布した。結論は，「ニュートンこそが第一発見者であり，ライプニッツはニュートンからの手紙で微分積分学の基本定理を知った」というものだった。

表向きは“第三者としての協会の回答”となっているが，実質的には王立協会長であるニュートンの指示によって書かれ

OPTICKS:
OR, A
TREATISE
OF THE
REFLEXIONS, REFRACTIONS,
INFLEXIONS and COLOURS
OF
LIGHT.
ALSO
Two TREATISES
OF THE
SPECIES and MAGNITUDE
OF
Curvilinear Figures.

LONDON,
Printed for SAM. SMITH, and BENJ. WALFORD,
Printers to the Royal Society, at the Prince's Arms in
St. Paul's Church-yard. MDCCIV.

左は，ニュートンが1704年に発表した『光学』のタイトルページ。『曲線の求積について（求積論）』は，この本の付録として出版された。ニュートンが微分積分学の基本定理に到達したのは1665年ごろだが，『曲線の求積について』が執筆されたのは，1691年から1693年にかけてとされる。つまり，この本を刊行するころには，すでにライプニッツとの争いははじまっていたのだ。

なお『光学』は，光の反射や屈折，光と色の関係などについて，くわしく解説した本である。『プリンキピア』とちがって英語で書かれていたため（プリンキピアはラテン語），多くの人たちが読むことができた。

たものだと考えられている。ニュートンは，調査委員会のメンバーの人選から調査結果の編集まで，すべてに関与していたことが今ではわかっている。

この，みにくい争いの真相が明るみに出るのは，かなりあとの時代になってからだ。ライプニッツは，ニュートンの策略によって広まった"盗用者"というレッテルを背負ったまま，ひっそりと息を引き取ることとな

る。王立協会による調査結果が公表されてから，わずか3年後のことだった（1716年）。

ニュートンとライプニッツの微積分は同じもの？

さて，ここで一つの疑問がわく人もいるだろう。ニュートンとライプニッツがつくりだした微積分は，まったく同一のものだったのだろうか。

実は，接線の傾きを求めたり，

面積を求めたりできる数学の手法という点では同じだが，二人の微積分に対する考え方は少しことなっていた。

ニュートンが点や線の「運動」を使って接線の傾きや面積を表現したのに対し，ライプニッツは，小さな三角形や細長い長方形という「無限小の図形」を使って，接線の傾きや面積を表現した（下図）。微積分の表記法のちがいは，二人が微積分に取り

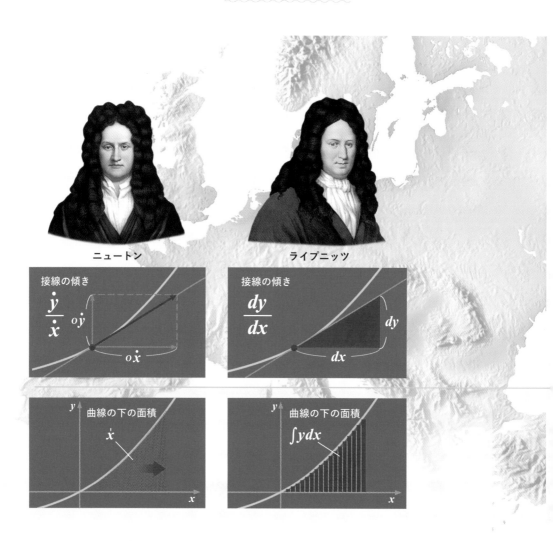

ニュートン

ライプニッツ

組むにあたり，動機のちがいがあらわれたものだ。

よりくわしくいえば，ニュートンは時間とともに運動する点や線が生みだす変化量を数学的にあらわそうとして，微積分をつくりだした。一方，ライプニッツは曲線の図形的（幾何学的）な特徴を突きつめていくことで，接線や面積の問題を解くための手法（＝微積分）をつくりだしたのである。

（←）二人の 表記法のちがい

図の左にはニュートンによる微積分の表記法を，右にはライプニッツによる表記法を示した。現在，高校の数学で習うのは，主にライプニッツ流の表記法である。

微分の考え方と表記法

ニュートンは点が動く速度（$\dot{x}$, $\dot{y}$）を使って，接線の傾きを計算した（94ページで紹介したp, qを，後年このドット記号にあらためた）。そして，この動く点の速度を「流率（りゅうりつ）」とよんだ。

一方，ライプニッツは，きわめて小さな三角形の辺（dx, dy）の比として，接線の傾きを計算した。

積分の考え方と表記法

ニュートンは曲線の下側の面積を，y軸と平行な直線が，曲線の下を右に動いてできた跡だと考えて，面積（$\dot{x}$）を計算した。ニュートンは，この動く直線がつくる面積を「流量（りゅうりょう）」とよんだ。

ライプニッツは，縦y×横dxの細長い長方形の合計（$\int y\,dx$）として，面積を計算した。

ライプニッツの微積分は 消え去った？

ライプニッツは新しい記号を考案する才能にすぐれていたため，とても使いやすい微積分の表記法をつくった。

また，ライプニッツの微積分には，多くの優秀な後継者がいた。たとえば，スイスの数学者ヤコブ・ベルヌーイ（1654 〜 1705）とヨハン・ベルヌーイ（1667 〜 1748）の兄弟，フランスの数学者ジョゼフ・ラグランジュ（1736 〜 1813），同じくフランスの数学者ジョゼフ・フーリエ（1768 〜 1830）などだ。彼らはライプニッツ流の技法を洗練させ，より使いやすいものへと進化させていった。

その結果，現代の私たちは高校の数学で，主にライプニッツ流の表記法を使った微積分を学ぶ。創始者争いには敗れてしまったライプニッツだが，表記法については勝利したといってよいだろう。

なお，授業で習わないからといって，ニュートン流の表記法がまったく使われなくなったわけではない。ニュートン流の表記法も，主に物理学の一部の分野で今も活躍している。

微積分の計算式は無機質な記号の羅列にしか見えないが，実はその誕生と発展の陰には，ここで紹介したような非常に人間くさいドラマがくり広げられていたのである。

ニュートン vs ライプニッツ関連年表

1642年	ニュートン誕生。
1646年	ライプニッツ誕生。
1665年	ニュートン，微分積分学の基本定理を発見。
1675年	ライプニッツ，微分積分学の基本定理を発見。
1676年	ライプニッツ，ロンドンを訪問し，ニュートンの論文を読む。ニュートンとライプニッツが手紙をやり取りする。
1684年 1686年	ライプニッツ，微積分の論文を発表。
1699年	ニュートンの信奉者ファシオが，ライプニッツがニュートンのアイデアを盗んだと非難。
1704年	ニュートン，『曲線の求積について』で微積分の成果を発表。このころから，たがいの非難合戦が激化する。
1711年	ライプニッツ，王立協会に抗議文を送る。
1713年	王立協会（＝ニュートン）が，微積分の創始者はニュートンであると認定。
1716年	ライプニッツ死去。
1727年	ニュートン死去。

「無限」に立ち向かい
微積分を発展させてきた数学者たち

執筆　髙橋秀裕

　ニュートンとライプニッツによって17世紀につくりだされた微積分。しかし，生まれたばかりの微積分にはある"弱点"があった。それは，**微積分に欠かせない「無限」という概念をうまく説明できないということ**だ。数学者たちが無限の概念を説明できるようになり，厳密であるべき数学にあいた"穴"をふさぐのは，19世紀に入ってからである。本節では，ニュートン以降無限に立ち向かい，微積分を発展させてきた数学者たちの戦いの歴史にせまる。

「無限小」とはいったい何なのか

　17世紀は，デカルト，パスカル，フェルマー，ニュートン，ライプニッツなど，独創的な天才を輩出した「天才の世紀」だった。これに対し，18世紀はしばしば「英雄の世紀」とよばれることがある。

　18世紀に入ると，ベルヌーイ一族，オイラー，ダランベール，ラグランジュ，ラプラスなどにより，数学と力学が結合される。そして，微積分は力学的な物理現象の世界へ応用の範囲を拡大し，計算力をさらに増大していくのである。

　彼らは厳密性よりは結果の有用性を重視し，大胆にさまざまな分野を開拓していった。ダランベールが言ったとされる「前

進せよ，そうすればあなたに信念は訪れるであろう」という言葉は有名だ。

　しかし一方で，ニュートンとライプニッツが独立につくりあげた微積分は，どちらも「**無限に小さい**」という，ゼロに等しいような等しくないような，**あいまいな考え方を基礎にしてつくられていた**ので，ニュートン以降この「無限小」をめぐり，微積分の厳密な基礎づけに関する論争がくり広げられることになるのである。

厳密性を重視したバークリ

　まずは，ジョージ・バークリ（1685 ～ 1753）による無限小・流率批判について紹介しよう。

　微積分の厳密な基礎づけを確立することに関心のあった数学者たちは，啓蒙主義の時代，最も先鋭な哲学者の一人であるジョージ・バークリと対決しなければならなかった。バークリが1734年に刊行した『解析家──不信心な数学者へ向けての論説』というタイトルの小冊子は，ニュートンに『プリンキピア』の執筆を進言したエドマンド・ハリーに向けて述べられたものだが，これが数学者たちとの間にはげしい論争を引きおこし，やがてイギリス数学界全体に大きな影響を残すことになった。

　バークリは，微積分が複雑な

幾何学的問題や力学的問題を十分に解くことができるという点を否定していたわけではなかった。彼の目的は，ニュートンとライプニッツがそれぞれつくりあげた「新しい解析」（＝微積分学）の基礎に関して，厳密性が欠けていることを公然と非難することだったのである。

　彼の批判は，「合理主義をかかげる人々が，その成功に夢中になっている解析法の中にさえ，論理的には重大な難点がある。それを放置しておいて，教会の教えの非合理性ばかりを批判することができようか」という，合理主義的・啓蒙主義精神に指導された近代知識人に対する，神学的な立場からの反問という形で提出された。

　またバークリは，どんな理由づけをしても，無限小あるいは流率の存在を正当化することはできないと考えていた。「比の極限は二つの有限量の極限であるか，あるいは不定0/0であるかのいずれかであって，0でも有限でもない『無限小量』は相容れない定義をもっており，したがって無限小量などというものを想像することはできない」というわけだ。

　さらに，バークリは論理的な観点からも解析家たちを批判している。たとえば，ニュートンは接線の傾きを求める計算において，無限に小さい「微小な時

間」をあらわす記号として「o（オミクロン）」を使ったが, はじめは「$o \neq 0$」という仮定から出発し, 両辺を o で割っておきながら, 最後は「$o = 0$」としてあつかわれ, それらが掛けられている量は計算から抹消されるという論理的な矛盾をおかしているとした。バークリはこのようなあいまいな無限小のことを,「死滅せる量の亡霊」と表現している。

「流率は不可解であり, したがって, 2次, 3次, 4次の流率はさらに不可解である」というバークリの批判にみられるように, 彼の数学批判は反ニュートン的な議論の典型である。

バークリは, 確実性を達成する唯一の科学と考えられてきた数学自体の価値をおとしめることになり, 解析（微積分）は不

信仰と哲学的あやまりへの道であると結論づけている。

バークリの批判に対する最も権威のある反論は, ニュートンの有能な弟子, コリン・マクローリン（1698 ～ 1746）によるものだった。マクローリンはその著書『流率論考』（1742年）において,「無限小」は, ニュートンによって微積分法の証明を簡略化するためにだけ使われた考え方であることを示そうとした。あいまいな無限小を使わなくても, **アルキメデスの厳密な論証法と運動学的な直観にもとづく方法によって, 微積分学の基礎づけをすることが可能であると主張したのである。**

マクローリンの主張は, 当時イギリスの多くの数学者に受け入れられたが, 微積分の厳密さをめぐる論争がこれで解決したわけではなかった。

微積分を広めた
ライプニッツの後継者たち

ニュートンとライプニッツは, みずからつくりあげた微積分法を, それぞれ「流率法」（methodus fluxionum）,「微分計算と求和計算」（calculi differentialis et summatorius）とよんでいた。また,「積分計算」（calculus integralis）という用語は, ライプニッツの後継者であるベルヌーイ兄弟（兄ヤコブ・ベルヌーイと弟ヨハン・ベルヌーイ）に由来する。したがって, 今日私たちがよんでいる「微積分学」という学問の名称は,

ジョージ・バークリ
アイルランド生まれの哲学者。キリスト教の聖職者でもあり, 北大西洋のバミューダ諸島への布教計画にも深く関わった。しかし, 計画は予算の問題によって頓挫し, 失意のまま帰国した。

ライプニッツの後継者たちの間で定着していったものなのだ。

1696年,『曲線理解のための無限小解析』(第一部 微分計算)と題する,世界最初の微積分の教科書が登場する。著者は「ロピタルの定理」で知られるフランスの貴族ロピタル侯爵(1661〜1704)だが,その大部分は,ヨハン・ベルヌーイがロピタルのために講義した内容のうち,微分計算についての部分である。ロピタルは第二部として積分計算を公刊しようと考えていたようだが,それは実現せず,1742年にヨハン・ベルヌーイ自身によって刊行された。

いずれにせよ,ライプニッツ流の微積分法が,ロピタルの著作をきっかけとして,微分計算と積分計算を合わせた「無限小解析」の名のもとに,フランスの地に定着していくことになったのである。

18世紀の"数学者の王者"オイラーの登場

18世紀を通して,無限小解析はめざましい発展をとげることになる。その中心的な役割を演じた数学者が,ヨハン・ベルヌーイ一門のレオンハルト・オイラー(1707〜1783)である。

オイラーは,スイスのバーゼルでプロテスタントの牧師の息子として生まれた。聖職を継ぐためバーゼル大学に入学したが,同大学の数学教授であるヨハン・ベルヌーイに数学の才能を見いだされ,数学者としての道を歩みはじめる。

「数学者の王者」という異名をとるだけあって,オイラーの著作は膨大な数にのぼる。生誕200年にあたる1907年に,「オイラー全集」の編さんが企画されて以来,100年以上たった現在も刊行中(いまだに未完結)である。

オイラーの最高傑作(数学書)としてよく候補にあげられるのが,1744年刊行の『極大または極小の性質をもつ曲線を見いだす方法,あるいは最広義での等周問題の解法』である。この本は,等周問題や最速降下線問題を受けて,微分方程式に関連する「変分法」という学問の確立をめざして書かれたものだ。

微積分の入門書としてとくに有名なのは,1748年刊の『無限解析入門』本だ(全2巻)。タイトルには,「無限小解析」ではなく「無限解析」という用語が使われているが,おそらくオイラーは"無限"という一語で,無限小と無限大を統合して考えているのだろう。

では,オイラーがとらえた「無限の世界」の実相とは,いかなるものだったのだろうか。この『無限解析入門』で注目されるのは,まず「関数」(functio)の定義から書きはじめているということだ。これは,前述のロピタルの教科書にはなかったもので,オイラーは関数を,微積分

レオンハルト・オイラー
スイスの数学者。数学のみならず,力学や天文学,光学など,さまざまな分野で貢献し,何十冊もの本と900本近い論文を残した。

を学ぶうえで最も基本的な概念として重要視していたことがわかる。

functioというラテン語の単語自体は、たとえば「曲線に対する接線と関連する量」といった意味で、すでにライプニッツによって使用されていた。しかし、「解析的表示」（expressio analytica）として関数の概念を明確に規定したのは、この『無限解析入門』が最初といってよいだろう。

さらに、この本の中でとりわけ影響力をもつことになったのが、指数関数、対数関数、三角関数など、いわゆる「初等超越関数」とよばれる関数が論じられている部分である。オイラーはここで独自の記号法や概念を導入し、無限級数展開を駆使するなどして多くの有益な結果を得ている。

たとえば、虚数単位「$\sqrt{-1}$」を導入して、有名なオイラーの公式である、

$$e^{\pm v\sqrt{-1}} = \cos v \pm \sqrt{-1}\,\sin v$$
（複号同順）

を導出している。なお、虚数単位は、のちに「$\sqrt{-1}$」にかわり「i」が使われることになる。

そのほかに、オイラーは『微分計算教程』（1755年）、『積分計算教程』全3巻（1768〜1770年）を刊行している。前者は、微分計算の定義からはじまり、『無限解析入門』であたえた関数の定義をさらに一般化している。後者は、積分の定義からはじまり、多くの個所で微分方程式を解く方法をあつかい、最後は偏微分方程式の議論でしめくくっている。

こうして、これら「オイラーの三部作」は、18世紀後半のあらゆる数学者たちに頻繁に利用された。そして、フランス革命以後、今日の教科書の原型につながるものが19世紀にあらわれるまで、大きな影響力をあたえつづけたのである。

フランス革命が数学研究に変化をもたらす

数学史における18世紀から19世紀への移行期を特徴づけるものとして、フランス革命によって引きおこされた「根本的変革」から生じた、数学研究の大きな変化があげられる。

18世紀の数学研究の場は、本質的には（17世紀同様）、大学ではなく「アカデミー」（学術団体）であった。フランス革命後、この状況が根本的に変化する。技術者を訓練する学校である「エコール・ポリテクニク」や、教員育成のための学校「エコール・ノルマル」が設立されたのだ。これは、フランス革命の科学思想における最初の建設的成果とよべる事件であった。

代数解析的数学を完成させたラグランジュ

1787年、フランス政府からパリの科学アカデミーへむかえられたジョゼフ＝ルイ・ラグランジュ（1736〜1813）は、フランス革命後（1794年から）、エコール・ポリテクニクで教えることになった。そこで彼は、いまだ解決されていない微積分の基礎づけの問題を考察することになった。

オイラーは1755年、ロシアのサンクトペテルブルクからラグランジュに宛てた書面に、「私にとって、ベルリンの後継者として、今世紀最高の数学者をもてたことがとても光栄である」としたためている。実際ラグランジュは、ベルリンの科学アカデミーをあとにしたオイラーの後継者として、1766年に就任している。

ラグランジュはみずからの研究テーマとして、関数の概念を考察することを選び、微分や流率、極限を研究対象からはずした。そして、1722年に刊行した初期の論文とエコール・ポリテクニクにおける講義をもとにした著作『解析関数論』（1797年）において、ラグランジュは任意の関数$f(x)$がテイラー級数、

$$f(x+i) = f(x) + f'(x)i + \frac{f''(x)}{2!}i^2 + \frac{f'''(x)}{3!}i^3 + \cdots$$

に展開できることを、純粋に代数的な方法（＝数ではなく文字）で立証しようとした。ラグランジュは、すべての関数$f(x)$は級数（数列の無限個の和）に展開できることを前提に、

$$f(x+i) = f(x) + pi + qi^2 + ri^3 + \cdots$$

とおき、係数p、q、r、…を計

算して，前述のテイラー級数展開をみちびいた。ここで，p，q，r，…は，iに依存しないxの新しい関数である。1番目の関数pがもともとの関数$f(x)$からみちびかれたので，ラグランジュはそれを導関数とよび，$f'(x)$と書いた。同様に，$f'(x)$の導関数は$f''(x)$，$f''(x)$の導関数は$f'''(x)$…などと書けるというわけだ。

　この証明の利点の一つは，**18世紀の数学者を当惑させていた，無限小をめぐる基礎の問題に関する不確実性から微積分が解放されたかもしれないということだ**。たしかにその点で，代数的操作だけを使う微積分学をみちびこうとしたラグランジュのねらいは，微積分学の基礎の

問題への関心によって動機づけられたといえるだろう。そしてこれは，微積分学が「幾何」ではなく「代数」として確立されることを保証するものであった。

　また，ラグランジュの目指した道すじには，ある関数とその導関数の概念だけに焦点をあわせればよいというメリットがあった。つまり，$f(x)$の導関数は，$f(x)$に関して実行される代数的な操作によって得られる別の関数なので，結局そこに想定された「テイラーの定理」の代数的な証明は，ある関数からその導関数へ進むという方法そのものだった。ラグランジュの証明は不完全なものだったが，彼の微積分学への新しいアプローチは，関数とそれに関する操作

の数学理論として，重要な一歩と考えられる。

　ラグランジュは長期にわたり微積分学の基礎に関する問題に深い関心をもちつづけたが，そこには，彼の数学的アイデアに関係する"内的要因"だけではなく，ある教育的な背景が大きく関係していた。

　ラグランジュは前述のとおり，エコール・ポリテクニクで教えていた。つまり，はじめて高度な数学が系統的な方法で教えられる必要が生じたわけだ。当然，基本的な概念や諸命題についての表現が熟考された，信頼できる教科書が必要となる。そこでラグランジュは，**よく知られた代数の規則にもとづく微積分学をつくりあげるという選択をした**。

　しかしその後，ラグランジュの理論ははげしく攻撃されることになる。彼の理論は幾何学的直観をたのみにしない，純粋に代数的なものだったが，彼が示した微積分学の基礎（有限量の代数解析）は，当時の数学者の目からしても決して適切なものとはいえなかったのだ。それで

ジョゼフ＝ルイ・ラグランジュ
イタリア生まれのフランスの数学者。微積分学のほか，天体力学，方程式論，数論などにも多くの業績を残した。「ラグランジュ点」「ラグランジュの未定乗数法」など，彼の名前をつけた用語も数多く存在する。また，メートル法の完成にも指導的役割を果たした。
　ラグランジュは，変分法においても独創的な研究をしている。彼はニュートンの『プリンキピア』刊行100周年を記念するかのように，『解析力学』を1788年に刊行した。この本はラグランジュが，ライプニッツの精神を体現した18世紀解析学の方法で，ニュートンの『プリンキピア』を根本的に書きかえたものといえる。

もラグランジュは無限小解析を厳密なものにしようと考え[※]，導関数に関して全面的に理論を展開した。

ついに微積分が厳密に定義される

19世紀前半，ラグランジュの考えに沿って，幾何学的な直観に依存しない厳密性を，代数解析に持ちこむという「代数解析の厳密化」がおこる。その推進をはかった代表的な数学者の一人が，エコール・ポリテクニクで教育を受け，のちにその教壇に立ったフランスの数学者オーギュスタン＝ルイ・コーシー（1789 〜 1857）である。

コーシーは，エコール・ポリテクニクで教えはじめたころから（1813年），解析学の基礎を全面的に検討しなおした。そして，1821年に画期的な教科書を出版する。それが『解析教程』（『王立エコール・ポリテクニクの解析学教程 —— 第一部 代数解析』）である。

コーシーにとって新しい基礎づくりのかなめは，極限（きょくげん）の概念だった。彼は『解析教程』の最初のほうで，極限の定義をしている。具体的には，**無限小とは極限が0となる変量のことであるとし，そこから，極限と無限小の概念を用いて連続関数を定義するわけだ。**

コーシーが『解析教程』で多くの部分をあてているのが，級数の収束に関する内容である。彼は極限の概念を用いてこれを論じ，今日「コーシーの収束判

オーギュスタン＝ルイ・コーシー

あいまいだった微積分学に厳密さを求め，それまでの微積分学を一新した。数学分野では複素関数の解析に多くの業績を残しているほか，物理学の分野でも光の波動に関する理論などを発表している。

定法」として知られる方法を導入している。

コーシーの極限概念として最も有名な「ε - δ論法」（イプシロン・デルタ論法）は，1823年に刊行された『王立エコール・ポリテクニクの無限小計算講義要録』の中に登場する。彼はこの論証法を用いて，**「かぎりなく」や「近づく」といったあいまいな用語の使用をさけ，導関数を厳密に定義することに成功したのである。**

コーシーはまた『無限小計算講義要録』の第二部で，積分計算についても議論している。18世紀の数学者による「積分計算は微分計算の逆」という考え方ではなく，和の極限を用いて，連続関数の積分に新しい厳密な定義をあたえている。

コーシーによる解析学（微積分学）の厳密化革命は，古代ギ

リシャのアルキメデスが行った「無限小幾何学」に匹敵する厳密性を，無限小代数解析にもあたえようという試みであったとみなすことができる。こうしてコーシーの努力は，フランスだけでなく，ヨーロッパ全体に波及していくことになる。

しかし，これで一挙に今日の解析学に到達するわけではない。19世紀数学の中心舞台は1830年代以降，フランスからドイツに移動し，諸領域を開拓しながらさらに飛躍していくことになるのである。

※：ラグランジュの考えは，エコール・ポリテクニクでの講義をまとめた彼の著書『解析関数論』の正式なタイトル，『無限小量または消失する量，極限または流率に関するあらゆる考察から解放され，有限量の代数的な解析に帰着された微分計算の原理を含む解析関数の理論』によく表現されている。

微分と積分の
実践・応用

協力　江崎貴裕／藤田康範，監修　小山信也
執筆　浅井圭介／鮫島俊哉／祖父江義明／竹内 徹／山本昌宏／和田純夫

　7章では，微積分を使った計算により具体的な問題を解決する方法，そして「微分方程式」「数値微分」といった少し難易度の高い内容を紹介する。微積分の威力や奥深さを，きっと感じることができるはずだ。

現代社会に
なくてはならない微積分

　微積分が現代社会を裏から支えていると言ったら，あなたはおどろくだろうか。

　たとえば高速道路のジャンクション※では，自動車がより安全に通過することのできる形状のカーブ，つまりドライバーのハンドルの切り方がよりゆるやかになるカーブの設計が求められる。

　素人目には「円弧」にすることで解決できるように思えるが，実はこれは"正解"ではない。直線道路と直線道路を結ぶ円弧状のカーブを一定速度で抜ける場合，運転者はカーブの入り口で特定の角度までハンドルを切り，カーブにいる間はハンドルを特定の一定の位置に保ち，カーブの終わりでハンドルをもどすという流れになる。すべての動作が「不連続」となるため，ハンドルを切る量の変化は急だ（＝運転の安全性が下がる）。また，自動車の横方向の加速度（G）の変化も急になるため，乗り心地も悪くなる。

　このような問題を解決するのが，**微積分を用いた数式であらわされる「クロソイド（曲線）」**である。クロソイドとは，チョウの口（口吻）のような形をした，円弧よりゆるやかな部分をもった曲線だ。前述の，直線道路と円弧状のカーブの間にクロソイドのカーブをはさめば，運転者は入り口から少しずつハンドルを切っていき，カーブの中央から少しずつもどしていくという流れになる。

　つまり，動作がひとつながりになることで，ハンドルの操作やGの変化がゆるやかになる。これにより運転の負担が減り（＝安全性が高まる），乗り心地も向上するというわけだ。

※：高速道路どうしをつなぐ場所（道路）のこと。

> 高速道路のジャンクションでみられる
> クロソイド曲線（→）

クロソイドは，自動車のハンドルの回転速度（横方向の加速度）が一定となるような運動の軌跡をえがいた曲線であるともいえる。

変化を把握し
未来を予測することができる

時速16キロメートルの速度で自転車を1時間走らせると、16キロメートル進む。同じペースで走りつづければ、6キロメートル先の映画館に、30分以内に着くことができるはずだ。しかし現実には上り坂や下り坂、疲れなどによって、速度はかわるだろう。

そうした、さまざまな現象の変化を一つひとつ把握し、過去や未来を分析・予測するために必要となる"ツール"が、微分と積分（びぶん）（せきぶん）である。

たとえば、重力に引っぱられて落下する物体も、その速度は一定ではない。時間とともに、落下する物体はどんどん加速していくのだ。このような変化（自然現象）を数式化（数理モデル化）したのが、ニュートンの「運動方程式」という微分方程式である。

また、めまぐるしく変動する金融市場や経済の分析や研究、地震波の伝わり方や台風の進路予測などにも、微積分（微分方程式）が使われる。

世の中は、時々刻々と変化する値であふれている。つまり微積分は、この世の中のあらゆる営みにかかわっているといっても過言ではないのだ。

さまざまな分野で役立つ
微分と積分（→）

微積分が重要な役割を果たす例を示した。これらの分野では、さまざまな問題を解決するための手段として、微分と積分が含まれる「微分方程式」を解くことなどが日常的に行われている。

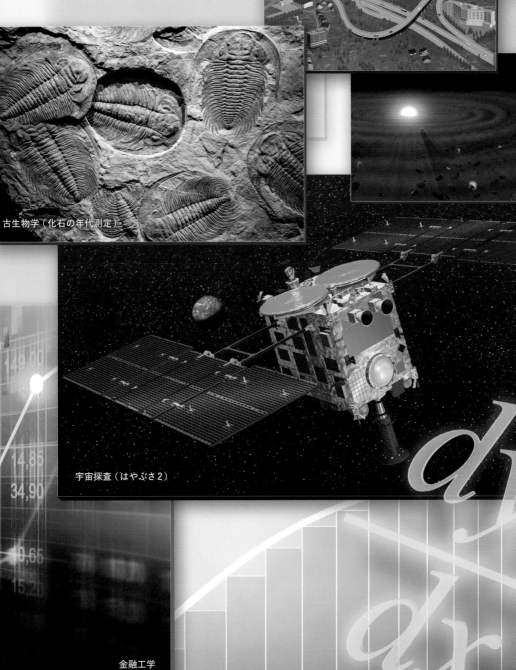

高速道路の設計

惑星科学

古生物学（化石の年代測定）

宇宙探査（はやぶさ２）

金融工学

$\dfrac{dy}{dx}$

微分方程式に挑戦してみよう

　「微分方程式」とは，文字どおり，微分した関数（導関数）を含んだ方程式のことである。たとえば，$x + 5 = 13$のようないわゆる普通の方程式では，「方程式を解く」とは，方程式を満たす未知の数値（x）が何であるかを求めることを意味する（$x = 8$）。一方で「微分方程式を解く」とは，**微分方程式を満たす未知の関数がどんなものであるかを求めることを意味する。**

　今，手に持ったリンゴを静かに放すとしよう。微分方程式を解くことで，このリンゴの落下速度を，時間の関数として求めることができる。より具体的には，速度の関数がわかれば，未来のある瞬間の具体的な落下速度を，計算によって求められるようになるわけだ。

リンゴの落下速度は？

　右図では，リンゴの自由落下運動を例に，実際に微分方程式を解いている。ごく簡単な例（式）なので，積分することで速度の関数が得られるが，式が複雑になると，式の変形や単純な積分によって解くことは困難になる。

　また，二次方程式には解の公式があるが，**微分方程式には，どんな微分方程式でも解ける公式は存在しない。**

　複雑な微分方程式は，コンピュータを使って計算するなどして，近似的に解を求めることができる。

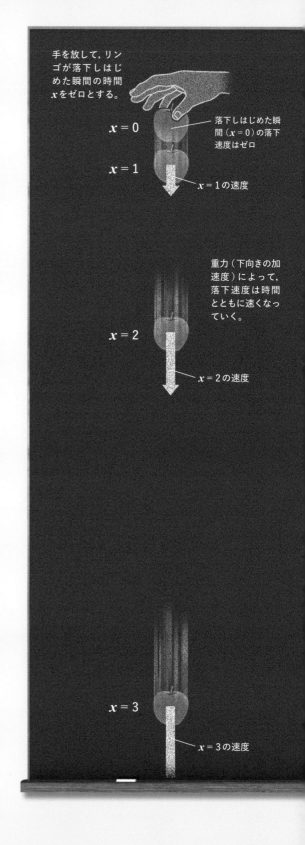

手を放して，リンゴが落下しはじめた瞬間の時間xをゼロとする。

$x = 0$

落下しはじめた瞬間（$x = 0$）の落下速度はゼロ

$x = 1$

$x = 1$の速度

重力（下向きの加速度）によって，落下速度は時間とともに速くなっていく。

$x = 2$

$x = 2$の速度

$x = 3$

$x = 3$の速度

1. 微分方程式を立てる

手に持ったリンゴを放すと下に落ちるのは，リンゴに重力（重力加速度）がかかっているためだ。
重力によって，物体の落下速度は1秒ごとに秒速およそ10メートル（より正確には秒速約9.81メートル）ずつ
速くなっていくことが知られている。
速度の変化の度合い，つまり「加速度」は，およそ10（メートル毎秒毎秒）である。
2章で解説したように，速度を微分すると加速度になるので，落下速度をy，その導関数をy'とすると，

$$y' = 10$$

と書くことができる。この等式（イコールで結んだ式）が，微分方程式である。

2. 微分方程式を解く

実際に微分方程式を解いて，未知なる速度の関数（y）を求めてみよう。
1の式全体（左辺と右辺）を，時間xで積分する。

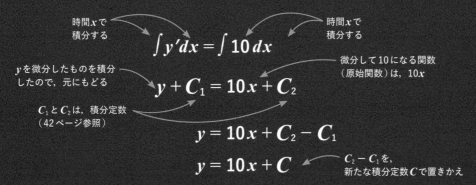

両辺を積分することで，「$y = \cdots$」という形になり，速度yが時間xの関数として求まった。
つまり，微分方程式が解けた。

3. 速度を実際に求めてみる

2の速度の関数には，積分定数Cが含まれている。
このCは，時間$x = 0$のとき（手を放してリンゴが落下しはじめたとき）の速度（初期条件という）がわかれば，
求めることができる。
リンゴが落下しはじめたとき（$x = 0$）の速度はゼロ（$y = 0$）なので，先ほどの式に$x = 0$，$y = 0$を代入すると，
$0 = 0 + C$となり，$C = 0$であることがわかる。つまり，速度yと時間xの関数は，

$$y = 10x$$

というシンプルな形になり，落下速度は時間に比例して速くなることがわかった。
たとえば，落下から2秒後の落下速度は，$x = 2$を代入して，

$$y = 10 \times 2 = 20$$

という計算で求められ，およそ「秒速20メートル」であることがわかる。

箱の容積は
どうすれば最大になる？

今，縦横ともに長さ90センチの正方形の厚紙がある。この厚紙の四隅（よすみ）を切り取って折り曲げ，箱をつくる（下図A）。なるべくたくさんの物が入るように容積を最大にしたいが，果たして四隅を何センチずつ切り取れ ばよいだろうか。

厚紙を切り取る長さをx（センチメートル），箱の容積をy（平方センチメートル）とすると，容積をあらわす関数は，$y = 4x^3 - 360x^2 + 8100x$であることがわかる（途中の計算は，下 図1）。ここで知りたいのは，xが何センチメートルのとき，yが最大となるかである。このようなとき，微分（びぶん）が役に立つ。

この関数をグラフにえがくと，最初はxが大きくなるにつれ，yも大きくなっていく。と

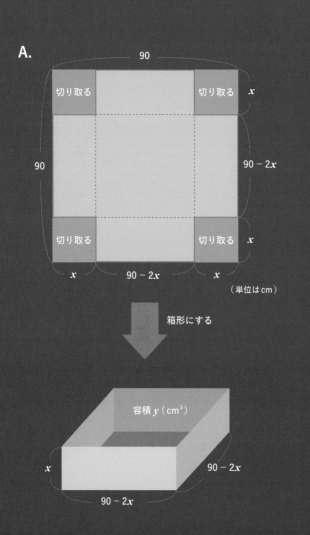

A.

90

切り取る　　切り取る　x

90　　　　　　　　$90 - 2x$

切り取る　　切り取る　x

x　　$90 - 2x$　　x

（単位はcm）

箱形にする

容積 y（cm³）

x

$90 - 2x$

$90 - 2x$

問題
90センチメートル四方の厚紙の四隅を左のように切り取って，箱をつくる。容積を最大にするには，何センチメートル切り取ればよいだろうか。

1. 容積をあらわす関数を求める

左のように，切り取る正方形の一辺の長さをx（cm）とおく。すると，箱の容積y（cm³）は，

$$y = (90 - 2x) \times (90 - 2x) \times x$$
$$= (8100 - 360x + 4x^2) \times x$$
$$= 4x^3 - 360x^2 + 8100x$$

とあらわせる。
なお，厚紙の幅は90cmなので，xがとりうる範囲は，$0 < x < 45$である。

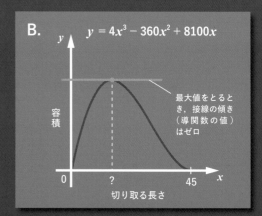

B.　　$y = 4x^3 - 360x^2 + 8100x$

y

容積

最大値をとるとき，接線の傾き（導関数の値）はゼロ

0　　　？　　　45　　x

切り取る長さ

ころが，x がある値のときに y はピーク（最大値）をむかえ，その後は減少していく（**B**）。

微分とは，接線の傾きを求めることだった。y が最大値となるとき，接線の傾きは水平，すなわちゼロになっている。このことから，微分して得られる導関数がゼロであるときの x の値が，y が最大値をとるときの x の値であることが予想される。

容積の関数を微分すると，導関数は $y' = 12x^2 - 720x + 8100$ になる。そこで，導関数 $y' = 0$ となる x の値を求める。$y' = 0$ とおいて二次方程式を解くと，$x = 15$ と 45 のとき，$y' = 0$ となることがわかる。

厚紙の幅は90センチメートルなので，x の値は0より大きく45より小さくなる。つまり，$x = 45$ となることはありえな

い。これにより，$x = 15$ のときに接線の傾き（導関数）がゼロになり，容積 y が最大になることがわかる。

このように，関数を微分して導関数を求めることで，三次関数などの複雑な関数であっても，変化のようす（値がいつ最大になるかなど）が分析できるようになるのである。

2. 導関数がゼロとなる x を求める

左下の **B** は，容積 y の関数をグラフにしたものである。容積が最大となるとき，接線の傾き（導関数の値）はゼロになることがわかる。そこで，導関数を求め，値がゼロとなる x の値をさがすことにする。

まずは容積 y の関数を微分して，導関数を求める。導関数は，

$$y' = (4x^3 - 360x^2 + 8100x)'$$
$$= 12x^2 - 720x + 8100$$

とあらわせる（微分の公式は，204ページで紹介している）。

次に，$y' = 0$ とおいて x の値を求める。計算の過程は省略するが，$x = 15, 45$ のとき，$y' = 0$ となることがわかる（**C**）。

3. 最大値をとるかどうか検証する

導関数の値がゼロになる x の値が，二つ（15 と 45）求められた。しかし，$0 < x < 45$ なので，範囲内で導関数の値がゼロになるのは，$x = 15$ のみである。

導関数（y'）の値は，$x = 15$ を境に，プラスからマイナスに変化する。これはたしかに，$x = 15$ で元の関数（y）の値が最大になることをあらわしている。

答え
箱の容積が最大となるのは，四隅を「15センチ」四方ずつ切り取ったとき（そのときの箱の形と容積は，下のようになる）。

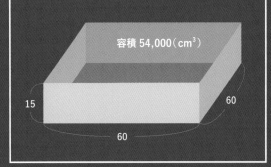

容積 54,000（cm³）

15　　　　60

60

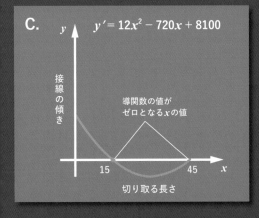

C.

$y' = 12x^2 - 720x + 8100$

接線の傾き　y

導関数の値がゼロとなる x の値

15　　45　x

切り取る長さ

グラス1杯に
シャンパンはどれくらい入る?

　積分(せきぶん)を使えば，円や球の体積だけでなく，より複雑な形をした立体の体積を求めることができる。たとえば，下図Aのような形をしたシャンパングラスがあったとしよう。このグラス1杯には，どれだけのシャンパンが入るだろうか。以下，グラスの容積を求めてみよう。

　Bのように，グラスを横にして薄い輪切りにすると，その断面は「円」になる。また，グラスの中心をつらぬくように通る線を考え，これをx軸とする。x軸からグラスのふち（内壁）までの長さ（y）がわかれば，断面積（πy^2）を求めることができる。

　さらに，輪切りにしてできた円盤のわずかな厚みをdxとすると，断面積（πy^2）×厚み（dx）によって，円盤の体積を求めることができる。この円盤の体積を，積分によって底から足しあわせていけば，グラスの容積が求められるというわけだ。

　たとえば，グラスの縦の断面

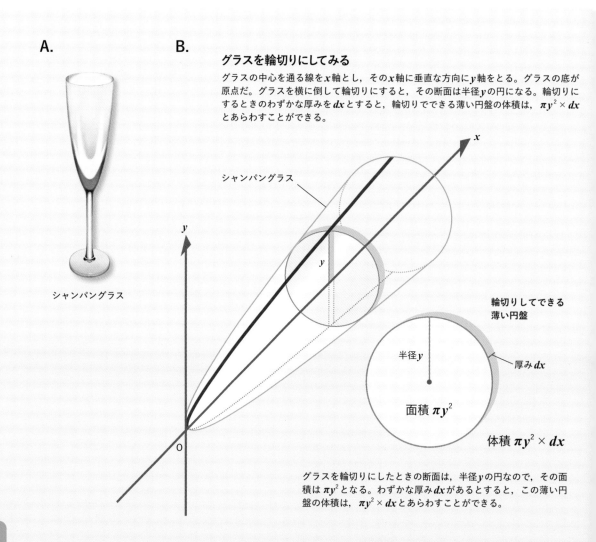

A.

シャンパングラス

B.

グラスを輪切りにしてみる

グラスの中心を通る線をx軸とし，そのx軸に垂直な方向にy軸をとる。グラスの底が原点だ。グラスを横に倒して輪切りにすると，その断面は半径yの円になる。輪切りにするときのわずかな厚みをdxとすると，輪切りでできる薄い円盤の体積は，$\pi y^2 \times dx$とあらわすことができる。

x

シャンパングラス

y

y

輪切りしてできる
薄い円盤

半径y

厚みdx

面積 πy^2

体積 $\pi y^2 \times dx$

O

グラスを輪切りにしたときの断面は，半径yの円なので，その面積はπy^2となる。わずかな厚みdxがあるとすると，この薄い円盤の体積は，$\pi y^2 \times dx$とあらわすことができる。

がえがく曲線が「$y = \frac{2}{3}\sqrt{x}$」であらわされたとする（C）。このとき，グラスの底からの長さがx（センチメートル）のとき，グラス中心から内壁までの長さはy（センチメートル）である。また，底からx（センチメートル）の場所で輪切りにしたときにできる薄い円盤の体積は，$\pi y^2 \times dx$である。

具体的に，グラスの底から6センチメートルまでの容積を求めてみよう。これは，πy^2を0から6まで積分することで求められるので，容積は8π（立方センチメートル）となる。8πは約25なので，その量は「約25立方センチメートル（＝ミリリットル，cc）」になることがわかる。

積分の範囲はシャンパンをどれだけ注ぐかに対応しているので，積分する範囲（注ぐ高さ）を指定すれば，そのときのシャンパンの量がどれくらいになるかがわかる。

そしてこの考え方を応用すれば，どんなに曲がりくねった形をしたグラスでも（その曲線が関数であらわせて積分を計算できれば），容積を求めることが可能となる。

C.

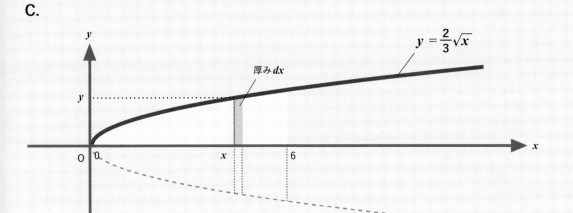

$$\int_0^6 \pi y^2 dx = \int_0^6 \pi \left(\frac{2}{3}\sqrt{x}\right)^2 dx$$
$$= \int_0^6 \pi \left(\frac{4}{9}x\right) dx$$
$$= \frac{4}{9}\pi \int_0^6 x dx$$
$$= \frac{4}{9}\pi \left[\frac{1}{2}x^2\right]_0^6$$
$$= \frac{4}{9}\pi (18 - 0)$$
$$= 8\pi$$

グラスの容積を求める

たとえば，底から6（cm）までのシャンパンの容積は，輪切りでできる薄い円盤（体積$\pi y^2 \times dx$）を「底」（$x = 0$）から「6」（$x = 6$）まで足しあわせることで求められる。グラスを縦に切断したときの断面の曲線が$y = \frac{2}{3}\sqrt{x}$であらわされるとき，容積を求める計算は，右のようになる。これを計算すると，グラスの容積は「8π」（＝$8 \times 3.14 \fallingdotseq 25$）であることがわかる。

微分方程式を解くことが
物理学最大の目的の一つ

微積分は，自然界のしくみを解明する物理学にとっても不可欠な存在である。

たとえば物体の運動を説明するニュートン力学で，最も基礎となる法則の一つは「運動方程式」とよばれる微分方程式で，$m\dfrac{d^2x}{dt^2}=F$ というものだ。m は物体の質量，F は力，t は時刻，x は物体の位置（t の関数）をあ

らわしている。$\dfrac{d^2x}{dt^2}$ は，x を t で2回微分したものだ。x を t で微分したのが「速度」で，その速度をさらに微分したのが $\dfrac{d^2x}{dt^2}$ である。これは「加速度」を意味している。

前述の微分方程式（運動方程式）は，**物体の加速度は加えられた力の大きさに比例し，質量に反比例するということをあ**

らわしている。つまり，力が大きいほど物体の加速度は大きく，質量が大きいほど（重いほど）物体の加速度は小さいということになる。

このほかにも，電気と磁気のしくみを解き明かす「電磁気学」の四つの基礎方程式である「マクスウェル方程式」も（偏）微分方程式だ。また，水や空気な

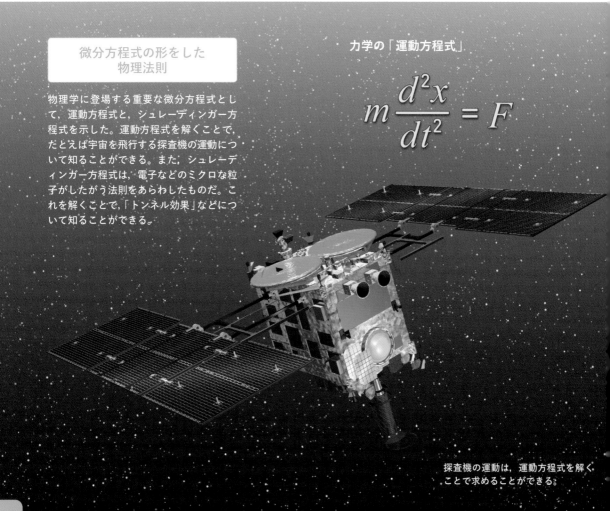

微分方程式の形をした物理法則

物理学に登場する重要な微分方程式として，運動方程式と，シュレーディンガー方程式を示した。運動方程式を解くことで，たとえば宇宙を飛行する探査機の運動について知ることができる。また，シュレーディンガー方程式は，電子などのミクロな粒子がしたがう法則をあらわしたものだ。これを解くことで，「トンネル効果」などについて知ることができる。

力学の「運動方程式」

$$m\dfrac{d^2x}{dt^2}=F$$

探査機の運動は，運動方程式を解くことで求めることができる。

どの「流体」の運動を説明する「流体力学」で最も基礎となる「ナビエ・ストークス方程式」も（偏）微分方程式である。

微分方程式を解けば
未来を予測できる

たとえば，運動方程式を解けば，位置xが時刻tの関数として求まる。これはつまり，t秒後の物体の位置xを，過去から未来にわたって知ることができることを意味している。つまり，運動方程式を解けば，物体の未来を予測できるのだ。

今，$\frac{dx}{dt} = t$という微分方程式を考えよう。「tで微分してtになる関数$x(t)$を求めよ」ということなので，両辺を積分すれば答えが求まる。微分と積分は逆の計算なので，左辺は積分するとxになり，右辺は$\int t dt$

で，$\frac{1}{2}t^2 + C$（Cは積分定数）となる。つまり，$x = \frac{1}{2}t^2 + C$がこの微分方程式の答えということになる。

このように，「微分方程式を解く」とは，積分を駆使しながら式を変形し，未知の関数を求めていくことだといえる。そしてそれは（微分方程式を解くことは），物理学の最大の目的の一つだといえる。

量子力学の「シュレーディンガー方程式」

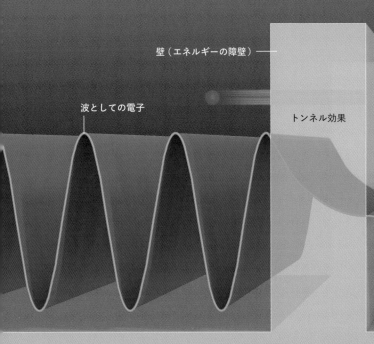

$$i\hbar \frac{\partial \psi}{\partial t} = -\frac{\hbar^2}{2m} \frac{\partial^2 \psi}{\partial x^2} + V\psi$$

電子は，こえられないはずの壁をすり抜けて，壁の反対側に出現することがある。これが「トンネル効果」だ。トンネル効果は量子力学特有の現象であり，このような電子の運動は，シュレーディンガー方程式を解くことで求めることができる。

壁（エネルギーの障壁）

波としての電子

トンネル効果

粒子としての電子

地球を脱出するには
どのくらいのGに耐える必要がある?

執筆　祖父江義明

物体の運動をあらわす基本的な量（物理量）は三つで,「位置」「速度」,そして「加速度」である。位置が移動するということは,速度をもっていることにほかならない。つまり速度とは,位置が時間あたりに移動する距離として定義される。この場合「速度は位置の微分（あるいは変化率）である」という。

位置をx,速度をv,時間をtであらわし,これを数式にすると,

$$v = \frac{dx}{dt} \quad \cdots\cdots ①$$

となり,案外わかりやすい形をしている。dは,xやtの微小な変化をあらわす。毎秒（dt）あたり動く距離（dx）が,速度である。そして,ある時間の間に移動した距離は,速度を足しあわせていけばよい。この操作が積分である。式であらわすと,

$$x = \int_0^t v\, dt \quad \cdots\cdots ②$$

となる。積分記号$\int$（インテグラル）は「足しあわせ」,添え字は「0からtまで」という意味である。

一定の速度で動いていれば,移動した距離は,速度に時間を掛けたものに等しい。つまり,速度一定（$v=v_0$）なら,

$$x = v_0\int_0^t dt = v_0 t \quad \cdots\cdots ③$$

となる。

同じ考え方を,速度と加速度にあてはめてみる。速度が変化する率を加速度といい,「毎秒毎秒何キロメートル」という言い方をする。加速度をaとすると,

$$a = \frac{dv}{dt} \quad \cdots\cdots ④$$

加速度aがt時間だけ物体にかかると,速度は,

$$v = \int_0^t a\, dt \quad \cdots\cdots ⑤$$

に到達する。さらに,加速度aが一定であれば,

$$v = at \quad \cdots\cdots ⑥$$

これを②に代入して,

$$x = \int v\, dt = \int at\, dt \quad \cdots\cdots ⑦$$

aは定数なのでさらに,

$$x = a\int t\, dt = \frac{1}{2}at^2 \quad \cdots\cdots ⑧$$

という式が得られる。逆にこの式を,微分の式④に代入してみると,

$$a = \frac{d^2x}{dt^2} \quad \cdots\cdots ⑨$$

という式が得られる。このことを,「加速度は距離（位置）を2回微分した値（二階微分,二次導関数）である」という。

ところで,⑧を使うと,地球による地上の物体にはたらく「重力加速度」を測定することができる。高さxの屋上から石ころを落として,地面に到達する時間tを測定すれば,重力加速度を,

$$g = \frac{2x}{t^2} \quad \cdots\cdots ⑩$$

によって計算できる。ちなみに重力加速度は,

$$g = 981\ \mathrm{cm\cdot s^{-2}}$$
$$= 9.81\ \mathrm{m\cdot s^{-2}}$$

（毎秒毎秒9.81メートル）

で,これが「1 G」である。

自動車の加速を考える

自動車の加速性能は,発進から時速100キロメートルに達する時間（0-100km/h加速時間）であらわすことがある。それが10秒なら,加速度は（一定とすると）,

$$a = \frac{v}{t}$$
$$\sim \frac{100\mathrm{km/h}}{10\mathrm{s}} = 2.78\,\mathrm{m\cdot s^{-2}}$$

＊「〜」は,両辺が一けたくらい精度であっていればよいという意味の記号。

つまり,$a = 2.78/9.81$で,0.28 Gだ。スポーツカーやレーシングカーが0-100km/hを3秒で加速したとすると,同様の計算で,ドライバーの背中は座席にほぼ1G（＝体重の1倍の力）で押しつけられることがわかる。

時速100キロメートルの車が,距離100メートルで停車したとする。このときドライバーには,前向きにどのくらいのGがかかるだろうか。これを計算

するには，⑥と⑧の式を使うとよい。二つを連立方程式として，t と a を x と v で書きなおして（解いて）みると，停止時間と加速度として，

$$t = \frac{2x}{v} \quad \cdots\cdots ⑪$$

$$a = \frac{v^2}{2x} \quad \cdots\cdots ⑫$$

を得る。これに時速と距離の値を入れてみると，0.4 G で減速（マイナスの加速度）しながら 7.2 秒で停止するとわかる。

では，30 メートル先に障害物があらわれたらどうなるか。時速 100 キロメートル・距離 30 メートルを同じように ⑪⑫ に入れてみると，前方に 1.3G の力で押しつけられながら，2 秒で停車というスリルを味わうことになるはずだ。

ロケットの加速を考える

では，宇宙飛行で地球を脱出するには，どのくらいの G に耐えなければならないだろうか。地上 200 キロメートルで，秒速 8 キロメートルの円軌道にのることを想定しよう。

最短で（＝最も安く）行こう

とすれば，$x = 200$ km の距離で $v = 8$ km/s まで，真上に加速すればよい。これらの数値を ⑪⑫ に入れると $a = 16$ G，$t = 50$ 秒となるが，これでは人間は耐えられないし，軌道にものれない。

よりゆるやかな飛行をしよう。斜めに徐々に高度を上げるため，$x = 1000$ km とする。すると，$a = 3.3$ G（これに下向きの 1G が加わる），$t = 4$ 分となり，まずまずの飛行となる。

もちろん，これらの値は目安である。実際には地球の重力と自転による初速などを入れて，3 次元の軌道を計算する。

コンピュータシミュレーションを通して私たちの生活を支える微積分

物理法則の多くは微分方程式（びぶん）であらわされるが，微分方程式は一般に解くことが容易ではない。たとえば158ページでは，「運動方程式」という微分方程式を解くことで，物体の運動の詳細（時刻 t における位置や速度など）を知れると説明した。しかし運動方程式が厳密に解ける（解析的に解ける）のは，「**重力**をおよぼしあう太陽と地球の運動」のように，問題が単純な場合だけだ。

太陽と地球に加え，もう一つの天体（たとえば月）の重力が入ってくると，もはや"お手上げ"だ。ちなみに，三つの物体が相互作用するような問題は「三体問題」（さんたい）とよばれる。

このような「厳密には解けない問題」に威力を発揮するのが，コンピュータを使った「**数値解析**」である。数値解析とは，微分方程式などの数学的な問題を，「2」「5.25」「2043」などといった具体的な数値の計算により，近似的に解くことをいう。

コンピュータは連続した量（連続量）をそのままあつかうことはできず，とびとびの量（離

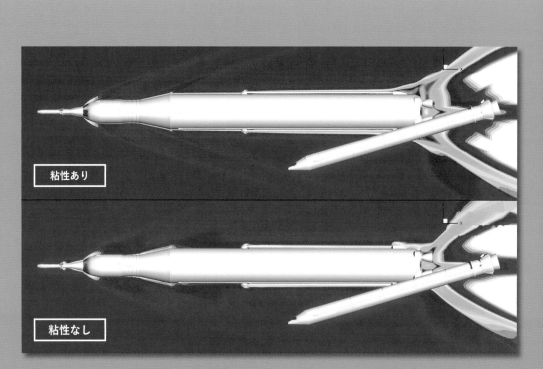

流体力学のシミュレーション（例）
「スペース・ローンチ・システム（SLS）」は，現在NASA（アメリカ航空宇宙局）が開発中の大型ロケットだ。このSLSが固体燃料ロケットブースターを切り離す際の，流体力学シミュレーションの例を上に示した。ロケットの周囲の空気は，速度によって色分けされている。上段は空気の粘性（ねんせい）を加味したシミュレーション，下は粘性を無視した場合のシミュレーションである。

＊画像提供：NASA

散量）しかあつかえない。また有限の値しかあつかうことができないので，無限大もあつかえない。微積分でかなめとなる，極限（きょくげん）を使った計算も基本的にはできない。つまりコンピュータには，微分方程式を厳密に解くことはできないのだ。

そこでコンピュータを使った数値解析では，**微分を，極限を使わない計算可能な形にするなどして，近似的な計算を行っている**（差分法など［下図］。数値

解析には，ほかにもさまざまな計算手法がある）。

シミュレーションに数値解析は必須

コンピュータによる数値解析は，多くの「シミュレーション」を実現している。よく知られているのは，空気や水といった「流体」（りゅうたい）に関するものだ。大気の流れのシミュレーションは，天気や気象の予測に役立てられる。また，新しく設計された自

動車や飛行機，船などが進む際に，どれくらいの空気や水の抵抗を受けるかなどについても，シミュレーションによって検証される。

流体の運動は，「ナビエ・ストークス方程式」という微分方程式に支配されているが，この式は特殊な状況を除いて厳密に解くことができない。そのため，コンピュータにより数値解析を行うことで，シミュレーションが行われる。

コンピュータで微分の近似計算を行う方法（例）

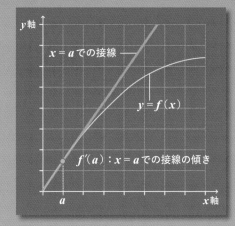

微分法

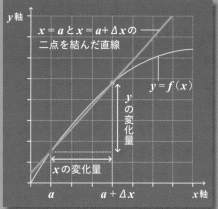

差分法

$y = f(x)$ を微分した導関数の，$x = a$ での値 $f'(a)$ は，次の式で求められる。

$$f'(a) = \lim_{\Delta x \to 0} \frac{f(a + \Delta x) - f(a)}{\Delta x} \quad \cdots\cdots ①$$

これは，$y = f(x)$ のグラフの，$x = a$ での接線の傾きを意味する（左のグラフ）。極限の操作が含まれるこの計算は，そのままではコンピュータで行えない。そこで，次のような計算で近似値を求める。

$$f'(a)\text{の近似値} = \frac{f(a + \Delta x) - f(a)}{\Delta x} \quad \cdots\cdots ②$$

これは，$x = a$ と $x = a + \Delta x$ の二点を結んだ直線の傾きを求めることに相当する（右のグラフ）。Δx を十分に小さい値にすれば，②の値は①の値にとても近くなる（接線の傾きとほぼ一致する）。

設計された飛行機が飛べるのは
微積分のおかげ？

執筆　浅井圭介

「微積分は何の役に立つか？」と聞かれれば，即座に「飛行機の設計」と答える。

世界最大の旅客機であるAIRBUS社の「A380」は，最大離陸重量[1]が約560トン，翼の面積が845平方メートルある。つまり，翼の面積1平方メートルあたりで，660キログラムもの重量を支えていることになる。まるで魔法のじゅうたんのようだが，この巨大な力はすべて，目には見えない「空気」の流れによって生みだされているのだ。

空気の流れは
微分でわかる

皆さんも知っているように，空気は窒素や酸素などの分子でできている。1立方センチメートルの体積の空気には，2.7×10^{19}個（0℃，1気圧）という，とんでもない数の気体分子が含まれている（下図A）。しかし，これらの分子一つ一つの運動を追跡していたのでは，空気全体の流れを知ることはとてもできない。そこで，空気を粒子の集まりではなく，切れ目なくつながった物体，つまり「流体」というモデルを使って考える（下図B）。

この流体の運動を考えるのに，微積分が役に立つ。流体の中のごく小さな領域を切りだして，ニュートンの法則を適用してみよう。この領域に含まれる流体の密度の変化は，境界から領域の内部に入ってくる質量と出ていく質量との差分によって決まる。同様に流体が受ける力は，境界を通じて出入りする運動量（質量と速度の積）の差分によって決まる。

ここで大事なのは，**密度や圧力など，直感的にわかりやすい物理量ではなく，その変化率である**。つまり，ここに「微分」が登場するのだ。

スパコンで
空気の力を計算

ちょっと複雑だが，下に流体の運動を説明する方程式の例を紹介しておく。下段の式は，19

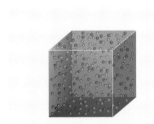

2.7×10^{19}個（0℃，1気圧）

A. 粒子モデル

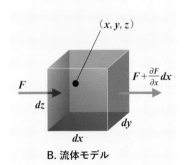

(x, y, z)

F

dz

$F + \dfrac{\partial F}{\partial x}dx$

dy

dx

B. 流体モデル

流体の運動を説明する基礎方程式（ちぢまない流体の場合[2]）

質量保存則（連続の式）

$$\frac{\partial u}{\partial x} + \frac{\partial v}{\partial y} + \frac{\partial w}{\partial z} = 0$$

x, y, zは「切りだした領域の縦・横・高さの座標」。
u, v, wは「x, y, z方向の速度成分」。
$\dfrac{\partial}{\partial x}, \dfrac{\partial}{\partial y}, \dfrac{\partial}{\partial z}$ は，「x, y, zのみを微分する偏微分」をあらわす。
t は「時間」。
p は「流体の圧力」。
ρ（ロー）は「流体の密度」。
ν（ニュー）は「流体の動粘性係数」。
F は「流体の物理量」（密度，速度など）。

運動量保存則（ナビエ・ストークス方程式）

$$\frac{\partial u}{\partial t} + u\frac{\partial u}{\partial x} + v\frac{\partial u}{\partial y} + w\frac{\partial u}{\partial z} = -\frac{1}{\rho}\frac{\partial p}{\partial x} + \nu\left(\frac{\partial^2 u}{\partial x^2} + \frac{\partial^2 u}{\partial y^2} + \frac{\partial^2 u}{\partial z^2}\right)$$

$$\frac{\partial v}{\partial t} + u\frac{\partial v}{\partial x} + v\frac{\partial v}{\partial y} + w\frac{\partial v}{\partial z} = -\frac{1}{\rho}\frac{\partial p}{\partial y} + \nu\left(\frac{\partial^2 v}{\partial x^2} + \frac{\partial^2 v}{\partial y^2} + \frac{\partial^2 v}{\partial z^2}\right)$$

$$\frac{\partial w}{\partial t} + u\frac{\partial w}{\partial x} + v\frac{\partial w}{\partial y} + w\frac{\partial w}{\partial z} = -\frac{1}{\rho}\frac{\partial p}{\partial z} + \nu\left(\frac{\partial^2 w}{\partial x^2} + \frac{\partial^2 w}{\partial y^2} + \frac{\partial^2 w}{\partial z^2}\right)$$

世紀にフランスの数学者ナビエと，イギリスの科学者ストークスがみちびいたものだ。微分記号を含むこのような方程式は，一般に「微分方程式」とよばれている。

おどろくかもしれないが，ナビエとストークスがみちびいたこの方程式は，（ごく一部の簡単な例を除き）解かれていない。こんな昔につくられた方程式の解がいまだに見つかっていないとはびっくりだが，今でも数学者たちがこの問題の解決に挑戦している。

では，実際の飛行機の設計では，どのように空気の力を計算しているのだろうか。それを可能にするのが，コンピュータだ。

具体的には，流体が流れる空間を何百万・何千万という小さな領域に区切り，その各々の領域の圧力や速度を未知数とした連立方程式を立てる。すごい数の方程式が並ぶが，「地球シミュレータ」やスーパーコンピュータ「富岳」を使えば，これを数分から長くても1時間以内で解くことができる。

小さな変化量がわかれば，それを「積分」することで，圧力や速度が計算できる。さらに積分すれば，空気が発生させる力が計算できるというわけだ（下図）。

微積分のおかげで飛んでいる!?

このように，コンピュータを使うことで，大気中を飛行するさまざまな飛行機のまわりの流れが計算できる。ほかにも，ヘリコプター，鳥，昆虫などがつくる流れも，同様の方法で計算可能だ。

世界では今，電動飛行機や水素飛行機など，二酸化炭素を排出しない，地球環境にやさしい新世代の航空機の開発がさかんだ。さらには，衝撃波の発生をおさえた新世代の超音速飛行機や，出発地と目的地を点と点で結ぶ，空飛ぶ自動車「eVTOL」の開発が進められている。これらのすべての設計に，微分と積分が役に立っている。

このように考えると，飛行機を空中で支えているのは空気ではなく，「微積分」といえるかもしれない。

※1：航空機が離陸することができる総重量の最大値。
※2：ちぢむ流体の場合は，密度が圧力や温度によって変化するので，気体の状態方程式が必要になる。さらに，エネルギー保存則をあらわす微分方程式がつけ加わり，方程式の数は全部で六つになる。

コンピュータによる，超音速機（SST）まわりの流れのシミュレーション

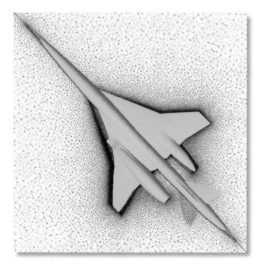

数百万に区切られた領域

圧力が高いほうから，赤＞黄＞緑＞青の順に色分けされている。

圧力分布の計算結果

＊画像提供：東北大学

地震に耐える建築設計を求めて

執筆　竹内 徹

世界有数の地震国である日本では、建物の骨組（建築構造）が地震時にどのようにふるまうかを解析するときや、免震構造の効果を計算するときなどに微積分が多用されている。本節では、具体的にどのように微積分が使われているかを紹介しよう。

建物の「たわみ」を計算

下図Aに示すような建物の構造が地震時に変形するようすを、Bに示す。これはコンピュータで計算されているが、その原理をCに示すような、片側が固定された長さ「l」の梁（片持ち梁）で説明しよう。微分を使って、梁のたわみを計算する式を

みちびく。計算式（①〜⑩）の難易度は大学1年生レベルだ。

建物の梁や柱がたわむとき、その曲率（Cの曲率半径 ρ の逆数）と梁を曲げようとする力「M」との関係は、次式で近似できる。

$$\frac{M}{EI} = \frac{1}{\rho} \fallingdotseq \frac{d^2y}{dx^2} \ \cdots\cdots ①$$

ここで、EIは梁の曲がりにくさ（曲げ剛性）を示す。

Cにおいて、梁に沿って梁を曲げようとする力「M」は、先端の力「P」と先端からの距離「$l-x$」の積として、

$$M = (l-x)\ P \ \cdots\cdots ②$$

となるので、①②より積分を用いて次式が計算できる。

$$\frac{d^2y}{dx^2} = \frac{M}{EI} = (l-x)\frac{P}{EI} \ \cdots\cdots ($$

$$\frac{dy}{dx} = \int_0^l (l-x)\frac{P}{EI}\,dx$$

$$= \frac{P}{EI}\left(lx - \frac{x^2}{2} + C_1\right)\cdots\cdots ($$

$\dfrac{dy}{dx}$ は、梁の傾きである。$x=0$のとき、$\dfrac{dy}{dx}=0$なので、積分定数$C_1 = 0$だ。これより、梁のたわみ量「y」は次のようになる。

$$y = \int_0^l \frac{P}{EI}\left(lx - \frac{x^2}{2}\right)dx$$

$$= \frac{P}{EI}\left(l\frac{x^2}{2} - \frac{x^3}{6} + C_2\right)\cdots\cdots ($$

したがって、曲がった梁の形状は三次関数となる。$x=0$のとき$y=0$なので、積分定数$C_2 = 0$である。

A. 東京工業大学環境エネルギーイノベーション棟　デザインアーキテクト：塚本由晴・竹内 徹・伊原 学、設計：東京工業大学施設運営部＋日本設計、写真：大橋富夫

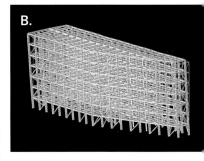

B.

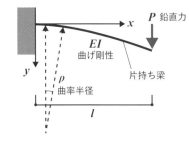

C.

P 鉛直力

x

EI 曲げ剛性

片持ち梁

y

ρ 曲率半径

l

たわみ量を計算する式⑤がわかったので，長さ1000mm，幅b = 30mm，高さd = 30mmの鉄の棒に，体重50kg（≒500N，N［ニュートン］は力の単位）の人がぶら下がったときの，たわみ量を求めてみよう。

鉄の弾性係数は，

$$E = 2.05 \times 10^5 \text{N/mm}^2,$$
$$I = \frac{bd^3}{12} = \frac{30 \times 30^3}{12}$$
$$= 67500 \text{mm}^4$$

である。⑤より，$x = l$とおいて計算してみると，先端のたわみ量yは「12mm」となる。

コンピュータを使って，このような計算を建物全体で行うことで，地震で建物がどのくらい変形するかがわかるのである。

免震構造でゆれの周期をのばす

建物の足元を積層ゴムで支持することで地震の被害を軽減する「免震構造」も，一般的になった。免震装置は**D**に示すように，積層ゴムとダンパー（減衰装置）により構成されている。微分を使うと，建物のゆれの周期を求める式がみちびける。

建物の質量をM（kg），積層ゴムの水平ばね剛性をK（N/m），ダンパーの減衰係数をC（Nsec/m）とすると，免震構造の振動方程式は，微分を用いて次式であらわせる。

$$M\frac{d^2u}{dt^2} + C\frac{du}{dt} + Ku = -M\frac{d^2u_0}{dt^2} \quad \cdots\cdots ⑥$$

ここで，uは建物の地面に対する水平変形，u_0は地面の変形，tは時間であり，$\frac{d^2u}{dt^2}$は建物の加速度，$\frac{du}{dt}$は建物の速度，$\frac{d^2u_0}{dt^2}$は地面の加速度である。今，ダンパーがなく，地動が停止した状態を考えると，⑥は，

$$M\frac{d^2u}{dt^2} + Ku = 0 \quad \cdots\cdots ⑦$$

となる。$\omega^2 = \frac{K}{M}$とおくと，⑦は次のように表現できる。

$$\frac{d^2u}{dt^2} + \omega^2 u = 0 \quad \cdots\cdots ⑧$$

一般的な解は⑨で表現でき，

これは**E**のようなくりかえしの振動運動となる。

$$u = a\cos\omega t + b\sin\omega t \quad \cdots\cdots ⑨$$

くりかえしの周期は「固有周期」とよばれ，次式で計算できる。

$$T（秒） = \frac{2\pi}{\omega}$$
$$= 2\pi\sqrt{\frac{M(\text{kg})}{K(\text{N/m})}} \quad \cdots\cdots ⑩$$

固有周期が，式⑩で求められることがわかった。たとえば，建物の重量が10000トン＝1×10^7kg，積層ゴムの水平ばね剛性が2×10^7N/mのとき，固有周期は約4.4秒となる。

固有周期が1秒以上の建物では，固有周期がのびるほど，地震時にはたらく力の自重に対する比率は一般的に低下する。免震構造は固有周期を3〜4秒以上にのばすことで，建物の被害を軽減しているのである。

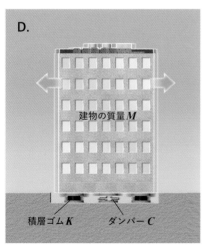

D.

建物の質量M

積層ゴムK　　ダンパーC

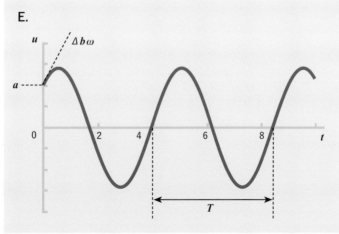

E.

u

$\Delta b\omega$

a

0　　2　　4　　6　　8　　t

T

微積分が
楽器を"進化"させる!?

執筆　鮫島俊哉

空気の振動が音となって伝わる「音響・振動現象」は，私たちにとって身近な物理現象の一つである。なかでも「楽器」は，音響・振動現象を利用したものとして，最もなじみ深いものであるといえるだろう。

振動の基本は「ばね振り子」

下図Aは，振動する物体を最も単純にあらわした「ばね振り子」というものだ。楽器は，一見複雑な音響・振動系のように思えるが，実はばね振り子のような単純な振動系の拡張となっている。

楽器として古くからよく用いられるものに，「弦」や「膜」がある。弦は，ばね振り子を横方向につなげたもので近似できる（B）。一方で膜は，横方向と縦方向の2次元の広がりをもったばねと考えることができる。これは，ばね振り子を横方向だけでなく縦方向にもつなげてやることで，膜の振動を近似的にあらわせるということだ[※]。

ばね振り子が振動するようすをあらわす微分方程式を，「振動方程式」という。この振動方程式を解くと（振動を解析すると），重りの位置が時間とともにどう変化するのか，どのような振動数で振動するのかなどを予測することができる。

空気は「ばね振り子」をつなげたもの

空気中を伝わる音波は，空気を弾性体（力が加わって変形しても，その力を取り除けば元の状態にもどるもの）とみなせば，一般的な弾性体の振動として取りあつかうことができる。つまり，空気を「多くのばね振り子をつなげたもの」と考えて解析することで，どのような音響現象が生じるのかを予測することが可能になるというわけだ。

例として，右ページCのような「ドラム」を取りあげてみよう。ドラムは，上面の「ヘッド」をスティックでたたくことで，ヘッドが振動し，周囲に音波が放射される。このとき側面の「シェル」も，

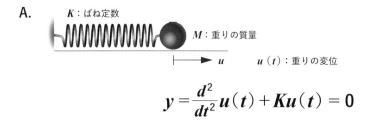

A.

K：ばね定数

M：重りの質量

$u(t)$：重りの変位

$$y = \frac{d^2}{dt^2}u(t) + Ku(t) = 0$$

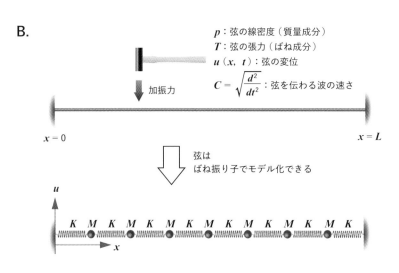

B.

p：弦の線密度（質量成分）

T：弦の張力（ばね成分）

$u(x, t)$：弦の変位

$C = \sqrt{\dfrac{d^2}{dt^2}}$：弦を伝わる波の速さ

加振力

$x = 0$　　　$x = L$

弦はばね振り子でモデル化できる

K M K M K M K M K M K M K M K M K

わずかではあるが振動するので，ヘッドの材質だけでなく，シェルの材質によっても音色が多少変化することが考えられる。

　ヘッドは膜として，シェルは一般的な弾性体として振動するものとみなせる（D）。ヘッドの中心をスティックでたたいたときに周囲に放射される音波を，コンピュータによって計算した結果がEである。

　Eは，シェルの材質を銅および鉄とした場合の，3465ヘルツの周波数成分の音圧分布を示している。銅の場合では，シェルの横方向の音圧レベルが高くなっており，ドラムの側面からの放射音が，鉄の場合にくらべて大きくなることがわかる。すなわち，シェルの材質がことなると，実際に音色が変化したり，放射音の指向特性（どの方向にどれだけの強さの音が放射されるのか）が変化したりすることがわかる。

楽器の新たな奏法や設計をつくりだす微積分

　本節ではドラムを例とした

が，ギターなどの弦楽器についても，同様の解析をすることで，音響的な特徴を予測することができる。さらに，振動を加える条件なども変化させれば，奏法による音色のちがいを予測することも可能になるだろう。

　すなわち，微積分を用いた音響・振動解析は，楽器への理解を深めたり，楽器の新しい奏法を生みだしたり，よりすぐれた楽器の材質や形状を研究・設計したりすることを可能にしてくれている（役立てられている）というわけだ。

※：実際の弦や膜には，ばね振り子の「重り」と「ばね」にあたる部分がはっきりと存在するわけではないが，重りとばねの大きさを無限に小さく，かつそれらの個数を無限に大きくしていったと考えることでうまく近似できる。

C.

D.

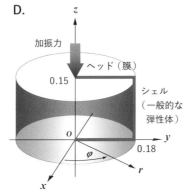

E.

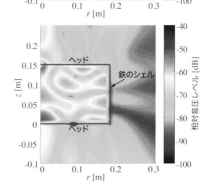

経済の世界は
微積分によって支えられている

経済や金融の世界における究極の目的は，企業などの生産者の「利益」と消費者の「満足度」を最大にすることだ。そのため，数学を使ったさまざまな分析が行われている。経済学の中で，主に「価格」のメカニズムを分析する学問が「ミクロ経済学」である。ミクロ経済学では，微積分を使った数学的分析が重要な役割を果たしている。

価格と需要の関係をあらわす「需要曲線」

ミクロ経済学を考えるうえで最も基本的なことは，「需要」と「供給」のバランスである。需要とは，消費者（買い手）が商品を求めることであり，供給とは，生産者（売り手）が商品を提供することだ。

市場には多くの買い手と売り手がいるが，そのふるまいは，「需要と供給のモデル」を使ってあらわすことができる。モデルとは，現実の複雑な世界を単純な形であらわしたもののことで，多くの場合数学の式（数式）を使って記述する。

需要と供給のモデルとして，とくに重要なものが，「需要曲線」と「供給曲線」である。そして，この二つの曲線をみちびきだすために使われている数学が，微分である。

では，需要曲線がどのような ものか，みていくことにしよう。私たちは日常生活の中で，さまざまなモノやサービスといった「商品」を買い求める。しかし，お金には限りがあるため，多くの場合，商品の価格によって，購入するかしないかを判断するのだろう。したがって，商品の「需要量」と「価格」との間には，その関係を示す数式が存在する。

また，私たちは商品を購入することで，「効用」を得ることができる。効用とは，経済学の基本的な概念で，消費者が商品を消費することによって得られる主観的な満足度のことである。消費者（顧客）が「支払っても

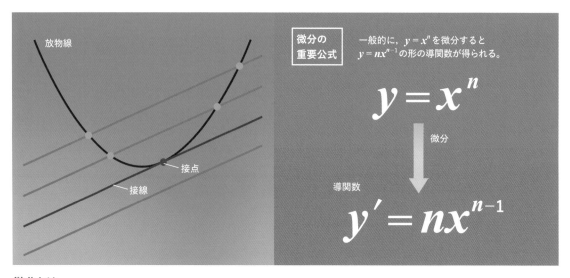

微分の重要公式　一般的に，$y = x^n$ を微分すると $y = nx^{n-1}$ の形の導関数が得られる。

放物線

接点

接線

$$y = x^n$$

微分

導関数

$$y' = nx^{n-1}$$

微分とは

ある関数を「微分する」とは，その関数の接線の傾きをあらわす関数を求めることをいう。関数 $f(x)$ を微分したものを $f'(x)$ もしくは，$\frac{df}{dx}$ とあらわす。任意の実数 n に対して，$(x^n)' = nx^{n-1}$ となる。したがって，たとえば，$f(x) = ax^2 + bx + c$ の場合，$f'(x) = 2ax + b$ となる（a，b，c は定数）。

需要曲線のみちびきだし方

まず，商品の価格をp，そのときの需要量をxとする。商品を購入する価格（支出）はpxとなる。また，消費者の効用は，$8x - 0.5x^2$と記述できるものとする。ただし，このような式は仮定であり，ケースに応じて自由に設定することができる。「消費者余剰＝効用－支出」なので，消費者余剰を$U(x)$とすると，次のような式になる。

$$U(x) = 8x - 0.5x^2 - px = -0.5x^2 + (8-p)x$$

この二次関数は，x^2の係数がマイナスであることから，縦軸をU，横軸をxとしてグラフにすると，上に凸の放物線になる。ここで，消費者余剰$U(x)$が最大になるところは，放物線の最も高い部分である。放物線の最も高い部分では，傾き0の接線が接している。ある関数の接線の傾きをあらわす関数は，元の関数を微分することによって求められる（下の式）。この接線の傾きが0となるようなxの値が，消費者余剰$U(x)$が最大になるときのxの値だ。

$$U'(x) = \frac{dU}{dx} = -x + (8-p)$$

$-x + (8-p) = 0$を解くと，$x = 8 - p$がみちびきだされる。なお，需要曲線は縦軸をp（価格），横軸をx（需要量）としてえがく決まりになっているので，需要曲線の式は，$p = -x + 8$とあらわされる。この需要曲線からは，たとえば，「価格が3のときに，消費者余剰を最大にする需要量はいくらになるか」などを知ることができる（この場合，$3 = -x + 8$より，$x = 5$となる）。

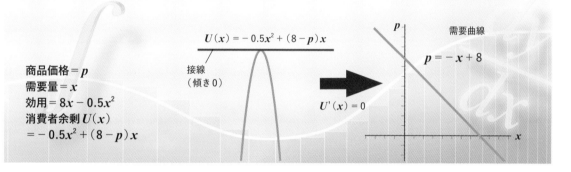

商品価格＝p
需要量＝x
効用＝$8x - 0.5x^2$
消費者余剰$U(x)$
　＝$-0.5x^2 + (8-p)x$

$U(x) = -0.5x^2 + (8-p)x$
接線（傾き0）
$U'(x) = 0$

需要曲線
$p = -x + 8$

よい」と考えている金額と，「実際に支払う」金額との差によって，効用は変化する。前者よりも後者の金額のほうが低ければ「効用は高かった」，つまり「満足した」といえる。

このとき，その差額のことを「消費者余剰」という。消費者余剰とは，消費者がほしい商品を安く買うことによって得られる金銭的な"得"のことである。

したがって，「消費者余剰＝効用－支出」と記述できる。通常，価格が下がれば消費者余剰はふえるので，それにともない，需要量もふえる。同じ商品であれば，価格が安いほど売れるというわけだ。

このように，**商品の価格と，その価格のもとで消費者余剰を最大化する需要量との関係をグラフにしたものが，需要曲線なのである。**

需要曲線を微分によりみちびきだす

商品の価格をp，そのときの需要量をxとすると，消費者余剰はxの関数$U(x)$としてあらわすことができる（上図）。

上図では，$U(x) = -0.5x^2 + (8-p)x$とおいている。$U(x) = -0.5x^2 + (8-p)x$は，上に凸の二次関数のため，$U(x)$が最大となるのは放物線の最も高い部分である。

放物線の最も高い部分では，傾き0の接線が接している。$U(x)$の接線の傾きは，$U(x)$を需要量xで微分することによってみちびきだすことができる。$U(x)$をxで微分した，接線の傾きをあらわす関数は，$-x + (8-p)$となる。この接線の傾きが0のため，$-x + (8-p) = 0$となる。

これを変形した，$p = -x + 8$が需要曲線の式だ。この需要曲線は右肩下がりの一次関数（直線）になる。これは，**「価格が下がれば下がるほど，需要量がふえる」ことをあらわしている。**

需要関数を積分すると
商品に対する顧客の満足度がわかる

　需要曲線をあらわす関数のことを「需要関数」(正確には逆需要関数)という。この需要関数を使って，効用(満足度)を求めることができる。このときに使う数学が，積分である。

　右のグラフを見てほしい。曲線$y = f(x)$が，xの区間$[a, b]$で，$f(x) \geqq 0$としたとき，$f(x)$と，x軸および二つの直線$x = a$，$x = b$によって囲まれた部分の面積を求めることが「積分する」ことであった。したがって，需要曲線の下側の面積が，「需要関数を積分したもの」ということになる。

　微分と積分の公式をくらべると，微分と積分はたがいに逆の計算になっていることがわかるだろう。つまり，ある関数を微分し，さらにその関数を積分すると，微分する前の元の関数にもどるのだ。

　前節で説明したように，需要関数は，消費者余剰をあらわす関数を微分したものだ。また，消費者余剰をあらわす関数は，「効用−支出」であり，効用をあらわす「効用関数」を使って記述している。したがって需要関数は，効用関数を微分したものということになる。微分と積分の関係で考えると，**効用関数を微分してみちびいたものが需要関数であり，この需要関数を積分したものは，元にもどって効用関数になるのである。**

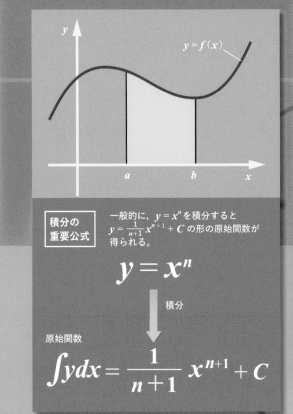

積分の重要公式

一般的に，$y = x^n$を積分すると$y = \frac{1}{n+1}x^{n+1} + C$の形の原始関数が得られる。

$$y = x^n$$

積分 ↓

原始関数

$$\int y\,dx = \frac{1}{n+1}x^{n+1} + C$$

積分とは

ある関数を「積分する」とは，区間$[a, b]$で$f(x) \geqq 0$とし，曲線$y = f(x)$としたとき，$f(x)$とx軸および二つの直線$x = a$，$x = b$で囲まれた部分の面積を求めることをいう。基本的な積分公式は，次のとおりだ。

$$\int x^n dx = \frac{x^{n+1}}{n+1} \; C \; (n \neq -1)$$

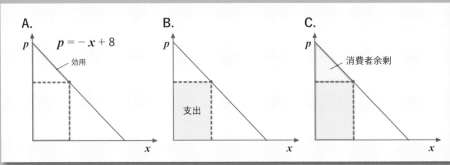

A.

$p = -x + 8$

効用

B.

支出

C.

消費者余剰

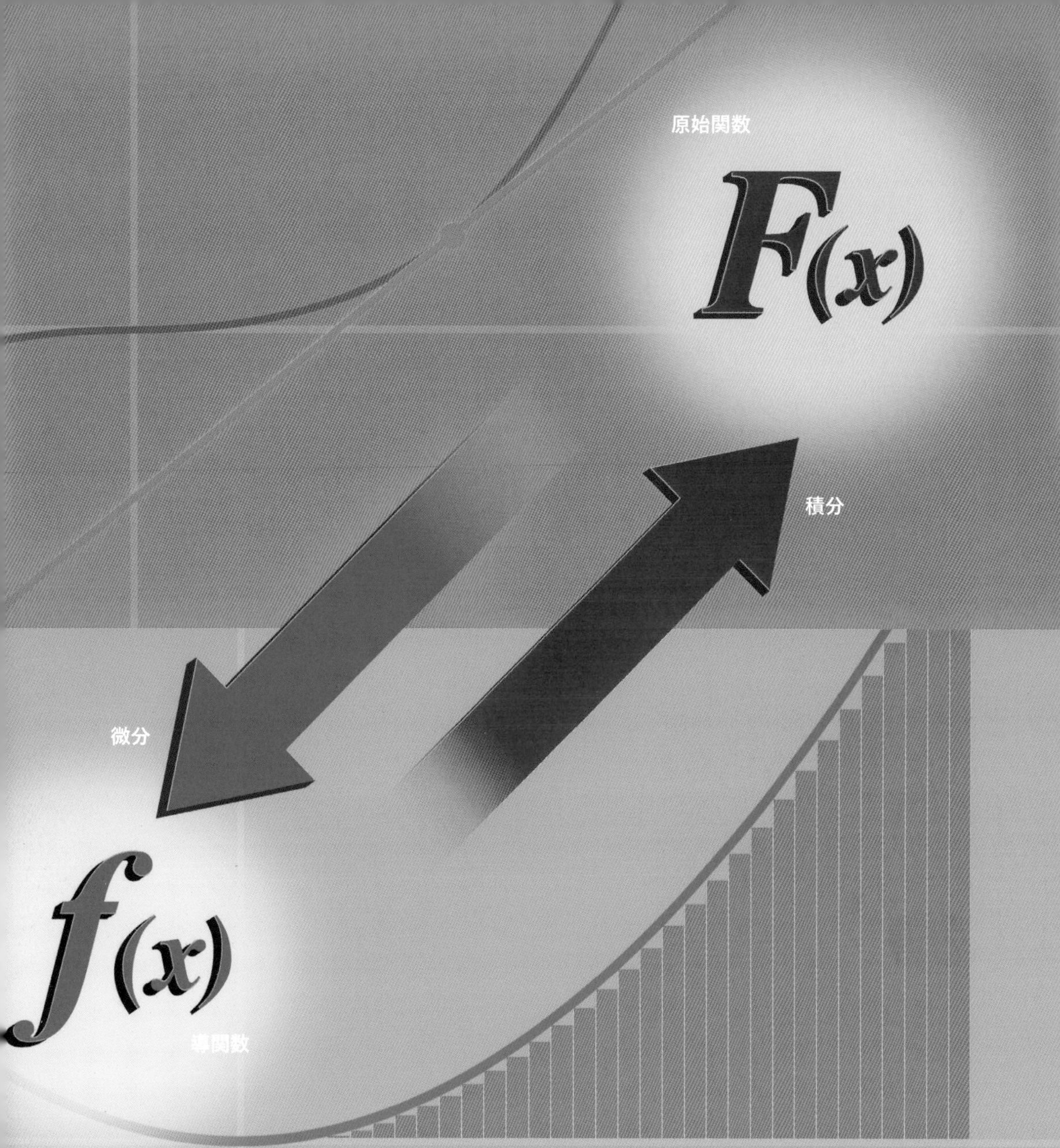

原始関数

$$F_{(x)}$$

積分

微分

$$f_{(x)}$$

導関数

「需要関数を積分したもの」とは何をあらわすのか

消費者余剰 $U(x)$ は，支出（商品を購入する価格）と効用との差であらわされるので，価格を p，需要量を x，効用関数を $y(x)$ とすると，$U(x) = y(x) - px$ となる。

　需要曲線は，消費者余剰 $U(x)$ を微分してその値を 0 とおくことで求められるので，$U'(x) = y'(x) - p = 0$ となる。この式を変形すると，$p = y'(x)$ となることから，縦軸を価格 p，横軸を需要量 x とする需要関数は，効用関数を微分した式，$y'(x)$ であらわされるといえる。この需要関数を積分して求められるのが，効用関数である（微分する前の元の関数）。一方で，需要曲線の下側の面積は需要関数を積分したものであることから，グラフ A の青線で囲まれた領域の面積は「効用」をあらわしていることになる。

　さらに，グラフ B において，需要関数のピンク色の領域の面積は，価格 p と需要量 x を掛けあわせたものなので，消費者にとっての「支出」をあらわしている。つまり，A の効用の "青線領域" から，この支出の "ピンク色領域" を引いた，C の黄緑色の領域の面積は，「消費者余剰」をあらわしていることになる。

商品の供給量は
同じ商品なら価格が上がるほどふえる

本節では,「供給曲線」についてみていく。供給曲線とは,商品の価格と,その価格のもとで利潤を最大化する供給量との関係をグラフにしたものだ。

商品を生産するには,まず費用（コスト）がかかる。経済学の世界では,生産量と生産するための費用との関係をあらわす関数を「費用関数」とよんでいる。

費用には,大きく分けて「固定費用」と「変動費用」がある。固定費用（水道光熱費や人件費など）は生産量に関係なく一定なので,定数 a とする。一方,変動費用（原材料費など）は生産量に比例するものとする。このとき,商品1個あたりの変動費用を b とすると,x 個生産するときの変動費用は,bx とな

る。費用関数を $C(x)$ とすると,$C(x) = a + bx$（ただし $x \geqq 0$）とあらわすことができる。

さて,たとえば供給量を x,費用関数 $C(x) = 0.5x^2 + 2x$ であらわされるものと仮定する。また,商品を生産する企業は,価格 p を受け入れるものとする。企業の利潤 y[※]は,収入から費用を差し引いた値だ。収入は,価

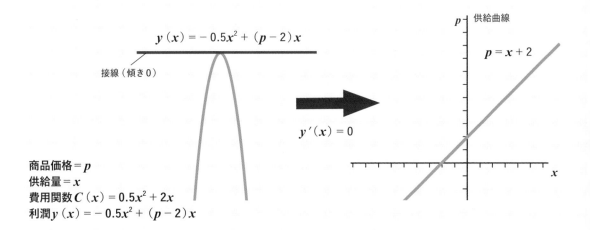

$$y(x) = -0.5x^2 + (p-2)x$$

接線（傾き0）

$y'(x) = 0$

商品価格 $= p$
供給量 $= x$
費用関数 $C(x) = 0.5x^2 + 2x$
利潤 $y(x) = -0.5x^2 + (p-2)x$

p　供給曲線

$p = x + 2$

x

供給曲線のみちびきだし方

左上のような仮定があるとき,企業の利潤 $y(x)$ は次のようになる。

$$y(x) = px - C(x) = px - (0.5x^2 + 2x)$$
$$= -0.5x^2 + (p-2)x$$

これは,上に凸の放物線をえがく二次関数なので,利潤 $y(x)$ を最大にする x は,$y(x)$ の接線の傾きが0のときの値である。すなわち,$y(x) = -0.5x^2 + (p-2)x$ を x で微分した式が,0になるときの x の値である。したがって,$y'(x) = \frac{dy}{dx} = -x + (p-2) = 0$ を解くと,$x = p - 2$ となる。供給曲線は,縦軸を p（価格）,横軸を x（供給量）としてえがく決まりになっているので,供給曲線の式は,$p = x + 2$ であらわされる。

　需要曲線と同様に,利潤 $y(x)$ を供給量 x で微分すると,供給曲線をみちびきだすことができる。この供給曲線を見れば,たとえば,「価格が3のときに,利潤を最大にする供給量がいくらになるか」を知ることができる（この場合は,$x = 3 - 2 = 1$）。

格 p と供給量 x をかけ算することで求められる。

　このとき，利潤を $y(x)$ とすると，

$$y(x) = px - C(x)$$
$$= px - (0.5x^2 + 2x)$$
$$= -0.5x^2 + (p-2)x$$

となる。$y(x) = -0.5x^2 + (p-2)x$ は，上に凸の二次関数のため，$y(x)$ が最大となるのは

放物線の最も高い部分である。放物線の最も高い部分では，傾き0の接線が接している。$y(x)$ の接線の傾きは，$y(x)$ を供給量 x で微分することにより，みちびきだすことができる。

　$y(x)$ を x で微分した，接線の傾きをあらわす関数は，$-x + (p-2)$ となる。この接線の傾きが0のため，$-x + (p-2) = 0$ となる。これを変形した

$p = x + 2$ が，供給曲線の式である。この供給曲線は，右肩上がりの一次関数（直線）になる。これは，「価格が上がれば上がるほど供給量はふえる」ことをあらわしている。

※：経済学では通常，利潤を「π」（英単語「profit」の頭文字pのギリシャ文字）であらわす。

D.

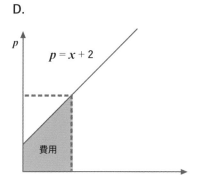

E.

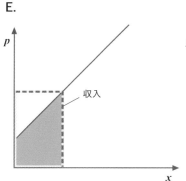

F.

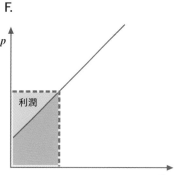

「供給関数を積分したもの」とは何をあらわすのか

企業の利潤 $y(x)$ は，収入（商品を販売する価格と供給量のかけ算）と費用との差であらわされるので，価格を p，供給量を x，費用関数を $C(x)$ とすると，$y(x) = px - C(x)$ となる。

　供給曲線は，利潤 $y(x)$ を微分してその値を0とおくことで求められるので，$y'(x) = p - C'(x) = 0$ となる。この式を変形すると，$p = C'(x)$ となることから，縦軸を価格 p，横軸を供給量 x とする供給関数は，費用関数を微分した式 $C'(x)$ であらわされているといえる。つまり供給関数とは，費用関数を微分したものということになる。この供給関数を積分して求められるのが，費用関数である（微分する前の元の関数）。一方で，供給曲線の下側の面積は供給関数を積分したものであることから，グラフDの赤色の領域の面積は「費用」をあらわしていることになる。

　さらに，グラフEにおいて，紫色の破線（と x 軸，p 軸）で囲まれた領域の面積は，価格 p と供給量 x を掛けあわせたものなので，企業にとっての「収入」をあらわしている。この収入の"紫色破線領域"から費用の"赤色領域"を引いた，グラフFの緑色領域の面積が「利潤」をあらわしていることになる。

需要量と供給量が一致したとき
経済全体の満足度は最大になる

消費者余剰と利潤を足したもの，つまり，消費者の利益と企業の利益の合計を「総余剰」という。この総余剰が最大になることが，すべての人にとって理想の状態である。

そこで，総余剰を最大にする需要量と供給量を求めてみよう。まず，「総余剰＝効用−費用」である。効用は需要関数の積分であり，費用は供給関数の積分なので，「総余剰＝（需要関数の積分）−（供給関数の積分）」となる。

右ページ上のGの2本の直線のうち，右肩下がりの直線が需要曲線，右肩上がりの直線が供給曲線をあらわしている。縦軸には価格p，横軸には需要量または供給量xをとっている。ここでは，商品の価格がqのときの需要量の値をtとしている。

需要曲線，x軸，p軸，$x = t$の直線で囲まれた面積は，$x = 0$から$x = t$までの需要曲線の積分によって求めることができる（真ん中のグラフHの，青線で囲まれた領域の面積）。

一方，供給曲線，x軸，p軸，$x = t$の直線で囲まれた面積は，$x = 0$から$x = t$までの供給曲線の積分によって求めることができる（グラフHの赤色の領域の面積）。

（需要関数の積分）−（供給関数の積分）が示す範囲の面積が総余剰なので，価格がq，需要量がtのときの総余剰は，Hにおける黄色の領域の面積（消費者余剰）と緑色の領域の面積（利潤）を足した面積になる。

ここで，総余剰の面積を最大化するqとtの値は，需要関数と供給関数の交点である（グラフI）。この点はすなわち，供給量と需要量が一致するところである。慶應義塾大学経済学部の藤田康範教授は，その意味を次のように説明する。

「この結果は，市場にまかせることで総余剰，すなわち経済全

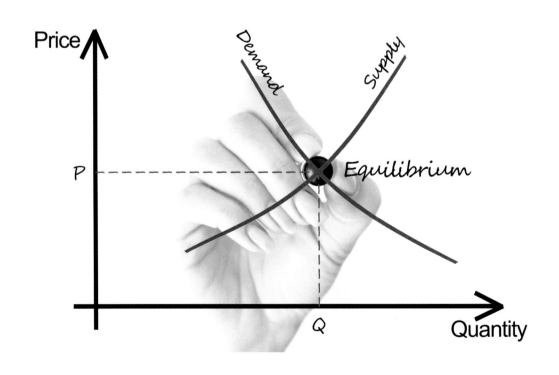

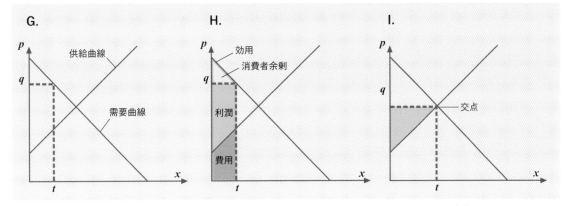

G.

H.

I.

総余剰の面積を最大化する q と t の値は，需要関数と供給関数の交点となることが，Iからも明らかである。ここはすなわち，供給量と需要量が一致するところだ。

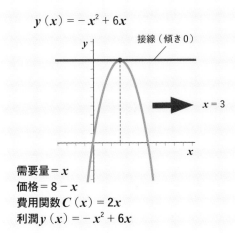

$$y(x) = -x^2 + 6x$$

接線（傾き0）

$x = 3$

需要量 $= x$
価格 $= 8 - x$
費用関数 $C(x) = 2x$
利潤 $y(x) = -x^2 + 6x$

ある商品の価格を p，商品の需要量を x，A を定数（任意の値をとる）とし，$x = A - p$ とあらわすことができるものとする。この式を変形すると，$p = A - x$ となる。これは，需要曲線の式である。

　ここで，たとえば需要量 x について，価格に関する関数 $p(x) = 8 - x$，費用関数 $C(x) = 2x$ であらわすことができるものと仮定する。このとき，企業の利潤 y を最大にする需要量 x は，微分を使って求めることができる。まず，企業の利潤 y は「収入－費用」により，収入は「価格に関する関数 $p(x) \times$ 需要量 x」で求められる。よって，次のようになる。

$$y = p(x)x - C(x) = (8 - x)x - 2x = -x^2 + 6x$$

$y = -x^2 + 6x$ は，上に凸の放物線をえがく二次関数なので，x の値は y の接線の傾きが0のときの値，すなわち，$y = -x^2 + 6x$ を x で微分した式が0になるときの x の値である。つまり，$\frac{dy}{dx} = -2x + 6 = 0$ を解いた「$x = 3$」が，利潤 y を最大にする値とわかる。

体の満足度が最大になるということをあらわしています。これが，ミクロ経済学の基本的な考え方なのです」

独占企業が利潤を最大にする
需要量を求めるには

　最後に，「独占企業」の利潤最大化についてみていこう。経済学では，独占企業は，自社の価格と需要量（生産量）の関係を知ることができるものであると考える。つまり，自社の利潤を

最大にする需要量（生産量）を知れるのだ。ここで役立っているのが，需要曲線である。

　企業の利潤は，「収入－費用」により求められる。収入は，価格と需要量（生産量）x をかけ算することで求められ，費用は費用関数 $C(x)$ であらわせる。こうしてあらわす企業の利潤 $y(x)$ を，仮に $y(x) = -x^2 + 6x$ とおく。$y(x)$ は，上に凸の二次関数のため，$y(x)$ が最大となるのは放物線の最も高い部分だ。

この部分は傾き0の接線が接しており，$y(x)$ の接線の傾きは，$y(x)$ を需要量（生産量）x で微分することによってみちびきだすことができる（くわしい計算は上図・下段）。

　すなわち，利潤（＝収入－費用）を需要量（生産量）で微分することで，独占企業の利潤を最大化する需要量（生産量）を求められるのである。

数学的分析により
貿易政策を考える

需要と供給の話は，貿易政策の問題などに応用して考えることもできる。

たとえば，日本企業が商品をアメリカに輸出する場合，日本政府は日本企業に対して，どれだけの補助金を出すのがよいのか，一方，アメリカ政府は日本企業に対して，どれだけの関税をかければよいのかを，日本企業を独占企業と仮定して考えてみよう。なお，独占企業と仮定するのは，現実に即して考えると複雑すぎて計算できないためだ（現実を単純化したモデルを使って，基本的な考え方を学んでいく）。

日本政府が日本企業に出す最適な補助金額は？

今，アメリカ政府が商品1個あたりに対し，アメリカにとって最適な関税をかける政策を打

ちだしたとする。このとき，日本政府は日本企業に対して，補助金をどのくらい出せばよいのだろうか。

前提として，アメリカと日本の2国間のみで構成される経済を考える。アメリカには，市場はあるものの，企業は存在しないものと仮定する。一方，日本には市場をもたない企業Aが1社のみあり，A社が生産した商品はすべてアメリカ市場に向けて輸出するものと仮定する（A社はアメリカ市場において，独占企業であると仮定する）。

そして，その「限界費用」をc，「生産量」をxと設定する。限界費用とは経済学の用語で，ある商品を生産する際に，その生産量を1単位分だけ追加するのにかかる生産費用の増加分のことだ。

アメリカの利益を「消費者余

剰＋関税収入」と定義し，W_Fと表記する。一方，日本の利益を「日本企業の利潤－輸出補助金額」と定義し，W_Hと表記する。アメリカ政府はW_Fを最大化するように，日本企業から輸入1単位につき，t単位の関税（tを「関税水準」という）をかける。反面，日本政府はW_Hを最大化するように，日本企業の輸出1単位につき，s単位の輸出補助金（sを「輸出補助金水準」という）をあたえるものとする。

実は，日本政府，アメリカ政府，日本企業という三者の意思決定の順番によって，結果が大きくことなってくる。そこで，意思決定の手順については，次のような設定にする。

第一段階として，日本政府が日本企業にあたえる輸出補助金水準sを決定する。第二段階として，アメリカ政府が日本企業

計算の詳細

日本企業Aがxの量を生産してアメリカに輸出するとき，その価格pは，$p = a - bx$（a, bは定数）の水準に定まるものとする。するとA社の利潤yは，次式であらわせる。

$$y = 販売収入 - 生産費用 - 関税 + 補助金（受け取り）$$
$$= (a - bx)x - cx - tx + sx$$

アメリカの利益$\mathrm{W_F}$は，「消費者余剰 + 関税収入」である。消費者余剰は，商品を購入する価格（支出）と効用との差だ。

消費者余剰は，172ページのグラフ**C**の黄緑色の領域の面積である。底辺x，高さbx（傾きの絶対値がbのため）なので，この領域の面積は，$x \times bx \times \frac{1}{2} = \frac{bx^2}{2}$となる。つまり，消費者余剰は$\frac{bx^2}{2}$とあらわすことができる。したがって，$\mathrm{W_F} = 消費者余剰 + 関税収入 = \frac{bx^2}{2} + tx$となる。

一方，日本の利益$\mathrm{W_H}$は，次のように記述できる。

$$\mathrm{W_H} = 日本企業の利潤 - 補助金（支払い）= y - sx$$
$$= (a - bx)x - cx - tx + sx - sx$$
$$= (a - bx)x - cx - tx$$

まずは，第三段階の解であるA社の生産量xをみちびきだす。

$$y = (a - bx)x - cx - tx + sx$$
$$= -bx^2 + (a - c - t + s)x$$

これは上に凸のxの二次関数なので，A社の利潤が最大化になる条件は，$\frac{dy}{dx} = -2bx + a - c - t + s = 0$となる。したがって，日本企業の生産量$x$は次のようになる。

$$x = \frac{(a - c - t + s)}{2b}$$

次に，第二段階の解であるアメリカ政府が設定する関税水準tをみちびきだす。アメリカの利益は$\mathrm{W_F} = \frac{bx^2}{2} + tx$なので，ここに$x = \frac{(a-c-t+s)}{2b}$を代入すると，次式が得られる。

$$\mathrm{W_F} = \frac{bx^2}{2} + tx$$
$$= \frac{b}{2} \cdot \frac{(a-c-t+s)^2}{(2b)^2} + \frac{t(a-c-t+s)}{2b}$$

したがって，アメリカの利益を最大化する関税水準tは，$\frac{d\mathrm{W_F}}{dt} = 0$のときの$t$となる。このときの$t$の値を求めると，$t = \frac{(a-c+s)}{3}$となる。

最後に，第一段階の解である日本政府が設定する輸出補助金水準sをみちびきだす。日本の利益$\mathrm{W_H}$は「日本企業の利潤 - 輸出補助金額」と定義している。日本企業の利潤は，$(a - bx)x - cx - tx + sx$なので，利潤を最大化するのは，利潤をxで微分したものが0となるとき，すなわち，$a - 2bx - c - t + s = 0$となるときである。

この式の両辺にbxを足し，$a - bx - c - t + s = bx$と変形し，さらに両辺にxを掛けると，$(a - bx)x - cx - tx + sx = bx^2$となる。左辺$(a - bx)x - cx - tx + sx$は，前述の利潤$y$と同じ式なので，利潤$y = bx^2$がみちびきだされる。したがって，日本の利益$\mathrm{W_H}$は次のようにあらわすことができる。

$$\mathrm{W_H} = y - sx = bx^2 - sx$$

ここに$x = \frac{(a-c-t+s)}{2b}$を代入すると，次式が得られる。

$$\mathrm{W_H} = \frac{b(a-c-t+s)^2}{(2b)^2} - \frac{s(a-c-t+s)}{2b}$$

したがって，日本の利益$\mathrm{W_H}$を最大化する輸出補助金水準sは，$\frac{d\mathrm{W_H}}{ds} = 0$のときの$s$となる。このときの$s$の値を求めると，$s = \frac{-(a-c)}{3}$が得られる。

ここで，アメリカが設定する関税水準tは，$t = \frac{(a-c+s)}{3}$に，sの値を代入することにより，$t = \frac{(a-c)}{4}$となる。

日本企業の生産量は，$s = \frac{-(a-c)}{4}$，$t = \frac{(a-c)}{4}$を，$x = \frac{(a-c-t+s)}{2b}$に代入することで，$x = \frac{(a-c)}{4b}$となる。

価格は$p = a - bx$に，$x = \frac{(a-c)}{4b}$を代入することにより，$p = \frac{(3a+c)}{4}$となる。

生産量である$x = \frac{(a-c)}{4b}$は> 0なので，$(a - c) > 0$である。つまり，$s = \frac{-(a-c)}{4b} < 0$である。

にかける関税水準tを決定する。そして第三段階として，日本企業が生産量（輸出量）xを決定する。

計算の結果出た "答え" は…？

これらの方法や前提をもとに計算していくと，日本の利益$\mathrm{W_H}$を最大化する輸出補助金水準は，**負の輸出補助金となる**。

前節で紹介した藤田教授によ

れば，このことは，アメリカがその国にとって最適な関税を課す場合，日本政府はそれへの対抗策として，**日本企業に対して補助金を出すどころか，輸出税をかけるべきであるということをあらわしている**という。つまり，いくら補助金を出しても，関税という形でアメリカ政府におさめることになるのであれば，むしろ輸出させないほうが日本にとっては有益であるとい

うことだ。

とはいえ，くりかえしになるが，三者の意思決定の順番やタイミングによって，結果は大きくことなる。また，当然のことながら，現実はこれほど単純ではない。ミクロ経済学においては，このような数学的分析を経営戦略や産業政策に役立てているという"エッセンス"を感じていただければ，幸いである。

現象のメカニズムにせまる「数理モデル」には微分が多く登場する

ビジネスにおける顧客の行動や社会現象，自然現象など，世の中にはふるまいのルールがまったくわからないものがある。このような場合，データを用いつつ，その対象のメカニズムにせまる手続きを踏む必要がある。これを「数理モデル化」とよぶ。

「数理モデル」とは，現実の状況を，数式を用いて数学的にあらわした数式（微分方程式など）のことだ。これにより，現実の世界の特定の現象について，さまざまな分析を行ったり，未来に関する予測を行ったりすることができる。

数理モデルのつくり方

数理モデル化の作業では，まず最初に対象からデータを集め

る（観測という）。さらに変数を選び（①），変数の間の関係性を数式で表現し（②），できあがった数理モデルとデータが整合するように，パラメータを調整していく（③）。

①から順にみていこう。「変数」とは，対象の状態や量を数であらわしたものだ。たとえば人間の身長と体重の関係について分析したい場合，身長を変数H，体重を変数Wとすると，身長170センチメートルで体重が60キログラムの人は，$H = 170$（cm），$W = 60$（kg）とあらわせる。

次に，変数の間の関係性を下のような数式であらわす（②）。

$$W（体重） = a \times H（身長） + b$$

この数式は，身長が高ければ

高いほど体重もふえるという関係をあらわすものだ。ただし，これだけでは「身長が1センチメートルふえたら，どれくらい体重がふえるか」ということは決められない。

ここで重要な役割を果たすのが，式に含まれるaとbである。これらは「パラメータ」とよばれる重要な要素で，数理モデルで仮定した関係性のもとで，モデル（数式）が現実のデータに近づくように設定・調整する必要がある（③）。

しかし，対象がどのようなルールにしたがってデータを生成しているのかを，厳密に知ることができない場合は多い。そんなときは，「変数の間の関係性は，このような式の形でよくあらわせるだろう」という仮定をもとに，数理モデルを構築する。

データの生成と観測

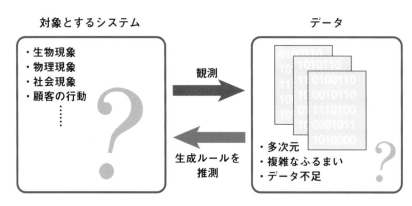

そして，それがデータをよく説明するかどうかを評価することで，数理モデルのよさをはかる。

数理モデルと自然科学

物理学で登場する法則の多くは数式の形で表現されるが，これらも数理モデルの一種だ。最も有名なものに，ニュートンの「運動方程式」がある。これは，**物体に力を加えると，その大きさに比例して運動が加速するという現象を記述したものだ。**

ニュートンの運動方程式は，非常に精度よく現実を記述する

ことがわかっているが，完全に誤差のない理論ではなく，あくまで現実のデータをよく説明する方法の一つにすぎない。しかし，これまでに多くの自然法則が比較的単純な数理モデルによってよく表現されることがわかっている。また，それにもとづいて何かを予測したり，設計・制御したりすることができるようになっている。

自然法則を表現する方程式の多くは，何かの時間的な変化のようすを記述する。前述のニュートンの運動方程式であれば，「加速度（＝速度の時間変化

量）と力の関係式」であるといえる。

ある量の時間変化は，その量を時間で微分したものによって表現される（ちなみに，Xの時間で微分したものは $\frac{dX}{dt}$ と表現する）。したがって，数理モデルには微分が多く登場する。

自然科学の基礎方程式
（微分方程式）の例

ニュートンの運動方程式

$$m\frac{d^2r}{dt^2}=F$$

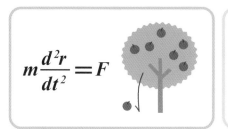

マクスウェルの方程式

$$
\begin{cases}
\nabla \cdot \boldsymbol{B}(t,x) & = 0 \\
\nabla \times \boldsymbol{E}(t,x) + \dfrac{\partial \boldsymbol{B}(t,x)}{\partial t} & = 0 \\
\nabla \cdot \boldsymbol{D}(t,x) & = \boldsymbol{p}(t,x) \\
\nabla \times \boldsymbol{H}(t,x) - \dfrac{\partial \boldsymbol{D}(t,x)}{\partial t} & = \boldsymbol{j}(t,x)
\end{cases}
$$

微分は何かの変化量をあらわす

微分＝何かの変化の速度，何かの傾き，…

➡ **重要な変数としていろいろなところに登場**

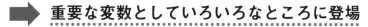

＊180〜183ページのグラフ等は，江崎貴裕『データ分析のための数理モデル入門 〜本質をとらえた分析のために〜』（ソシム）より引用した。

2種類の個体数が増減するようすを表現した「ロトカ・ヴォルテラモデル」

自然界のあらゆる生物は，食物連鎖の中に位置している。実は，このような問題を考えるときにも，数理モデル（微分方程式）が活躍する。

たとえば，ライオンとシマウマの関係性について考えてみよう。ライオンは，シマウマを食べる「捕食者」だ。一方シマウマは，ライオンに食べられる「被食者」となる。

ライオンがシマウマをたくさん食べると，シマウマの数が減り，ライオンの数がふえる。しかししばらくすると，シマウマが少なくなったせいでライオンが餓え，ライオンの数が減る。すると，天敵が減ったことで，今度はシマウマの数がふえはじめる。食う・食われるの関係性がある動物の数（個体数）は，おたがいに密接に関係しているのだ。なお，実際にはライオンとシマウマ以外の動物も存在するので，より複雑な状況となっている。

このように，**食う・食われるの関係にある二つの動物の個体数が，どういうふえ方・減り方をするのかを記述した数理モデルが，「ロトカ・ヴォルテラモデル」（微分方程式）である。**このモデルにしたがって，二つの動物の個体数がどう変化するかを示したのが，右のグラフだ。この例では，どちらの動物もふえたり減ったりをくりかえすが，

両方の動物が絶滅せずに維持されているようすがおわかりいただけるだろう。ちなみに，もしライオンがシマウマを食べすぎて絶滅させると，今度はライオンのエサがなくなってしまうので，ライオンも絶滅してしまう。このようすも，ロトカ・ヴォルテラモデルで表現することができる。

感染症対策の重要ツール「SIRモデル」

ロトカ・ヴォルテラモデルのように，**変数の時間変化を直接記述したモデルを「力学系モデル」という。**感染症の数理モデルとして知られる「SIRモデル」も，力学系モデルの一種だ。SIRモデルでは，現在の感染者数が多ければ多いほど，新規感染者の増加スピードが速くなるという微分方程式により，分析していく。

現在，新型コロナウイルス（COVID-19）が世界中で猛威をふるっており，私たちはテレビやインターネットを通じて，国内外で試算されるさまざまなシミュレーションを目にする。実はその多くが，SIRモデルを基礎にして，年齢層別の人口比など多くの要素を加味したものなのだ。

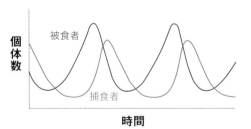

ロトカ・ヴォルテラモデル（微分方程式）

被食者（食われる）の個体数変動

$$\frac{dx}{dt} = x(r - ay)$$
被食による減少

捕食者（食う）の個体数変動

$$\frac{dy}{dt} = y(-s + bx)$$
捕食による増加

ライオン（捕食者）とシマウマ（被食者）の個体数をそれぞれ x, y とする。この x と y は，時間によって変化する変数だ。二つの動物の個体数のふえ方・減り方（変数の時間変化の速さ）は，個体数の微分で表現される。

世界を理解するための鍵となる微分方程式

執筆　山本昌宏

未知の関数を微分した導関数を含んでいる方程式を「微分方程式」とよぶ。自然現象から社会現象に至るまで、微分方程式には、実にさまざまな現象を理解するための鍵がある。

常微分方程式

微分方程式は、「常微分方程式」と「偏微分方程式」に大別できる。前者は未知の関数が一つの変数にしか依存しないもの、後者は未知の関数が複数の変数に依存するものをいう。

まず、常微分方程式についてみていこう。たとえば、質量がmの質点を考える。時刻tにおける質点の位置の座標が、関数$x(t)$であらわされているとする。このとき、$\frac{dx}{dt}(t)$は速度、速度を微分した$\frac{d^2x}{dt^2}(t)$は加速度をあらわす。

そこで、質点にはたらく力を$F(t)$とすると、ニュートンの運動の第二法則から、次式が成り立つ。

$$m\frac{d^2x}{dt^2}(t) = F(t),\ t > 0$$
$$\cdots\cdots ①$$

このとき、Fが$x(t)$などによって決まる場合、①は$x(t)$に関する常微分方程式となる。

たとえば質点の座標を$x(t)$とし、質点を元の位置にもどすような復元力がはたらいている

とする。その力の大きさが質点の動く量に比例する場合、比例定数kを適当にとり、$k > 0$とすれば、次のような常微分方程式が得られる。

$$\frac{d^2x}{dt^2}(t) = -kx(t),\ t > 0$$
$$\cdots\cdots ②$$

これはたとえば、摩擦のない水平な面の上でばねの片方に質点がつながれ、もう片方が面に固定されている場合に対応する。

ニュートンの運動方程式ではこのように、質点にはたらく力が、変位（位置の変化）や速度によって一定の法則で決まる場合がよくある。そして、場合に応じてさまざまな常微分方程式があらわれることになる。

さらに、②を満たす勝手な$x(t)$は、$k > 0$、A、Bを定数として、次のように記述することができる。

$$x(t) = A\cos\sqrt{k}t + B\sin\sqrt{k}t$$
$$\cdots\cdots ③$$

これは、②を満たす関数$x(t)$は定数A、Bをうまく選べば、必ず③の形に記述できるということだ。常微分方程式は、しばしば満たす関数をすべて求めることが可能で、これを「一般解」とよぶ。

また、質点のような空間的な広がりをもたない点の運動を考える場合には、対象とする現象

は時間さえ決めれば、微分方程式によって完全に記述することができる。

なお、ほかの具体例としては、放射性物質の崩壊がある。放射性物質は環境などの条件に関係なく、つねに一定の割合で崩壊する。その減少率は時刻tにおける放射性物質の量自体に比例するので、常微分方程式で記述できる。

自然現象を記述する「偏微分方程式」

次に、たとえば長さがLの鉄の棒の中の熱伝導現象を考えてみよう。右ページAのように、x座標を設定しておく。

棒の熱伝導現象を明らかにするため、温度uに注目する。温度uは時間tだけでなく、棒の場所xによってもかわるため、tとxという二つの変数をもつ関数$u(x, t)$を考えることになる。

棒の材質が一様であるとし、物理定数をkとすると、熱伝導現象は、次のような微分方程式（熱方程式）で記述される。

$$\frac{\partial u}{\partial t}(x, t) = k\frac{\partial^2 u}{\partial x^2}(x, t),$$
$$0 < x < L,\ t > 0$$
$$\cdots\cdots ④$$

この式は、決めたい関数uの「偏導関数」を含む、偏微分方程式である。

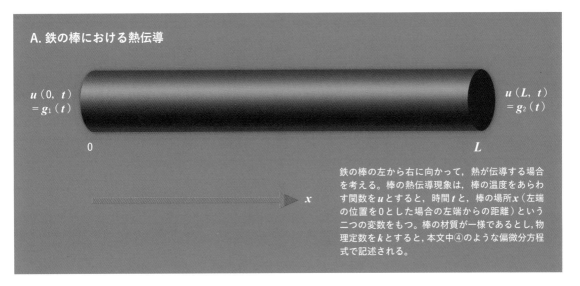

A. 鉄の棒における熱伝導

$u(0, t)$
$= g_1(t)$

0

$u(L, t)$
$= g_2(t)$

L

x

鉄の棒の左から右に向かって，熱が伝導する場合を考える。棒の熱伝導現象は，棒の温度をあらわす関数をuとすると，時間tと，棒の場所x（左端の位置を0とした場合の左端からの距離）という二つの変数をもつ。棒の材質が一様であるとし，物理定数をkとすると，本文中④のような偏微分方程式で記述される。

同様に，空間内を伝播する波動現象の場合も，場所xと時間tの関数に関する一つの偏微分方程式（波動方程式）があらわれる。

単純な例として，弦の微小な振動を考えてみよう。$u(x, t)$を，場所x，時刻tにおける，振動していないつり合いの位置からの変位とすると，次の微分方程式を得られる。

$$\frac{\partial^2 u}{\partial t^2}(x, t) = k \frac{\partial^2 u}{\partial x^2}(x, t),$$
$$0 < x < L, \ t > 0$$
$$\cdots\cdots ⑤$$

さらに，Aのような棒ではなく材質が一様な鉄板を考え，その縁をある温度に保つものとする。そして，時間が十分に経過したのちに鉄板の温度分布がどうなるかを考える場合，温度は時間には依存せず，平面の座標(x_1, x_2)における温度分布$u$$(x_1, x_2)$が満たす次のような微分方程式を考えることになる。

$$\frac{\partial^2 u}{\partial x_1{}^2}(x_1, x_2) + \frac{\partial^2 u}{\partial x_2{}^2}(x_1, x_2)$$
$$= 0$$
$$\cdots\cdots ⑥$$

④のような方程式は「放物型偏微分方程式」，⑤は「双曲型偏微分方程式」，⑥は「楕円型偏微分方程式」とよばれるタイプに分類されている。これらは，**自然現象などを記述するための基本的な偏微分方程式の代表的な3タイプである。**

偏微分方程式の解が一通りに求まるためには

さて，熱方程式において，温度の変化を一通りに決めるためには，④に加え，棒の両端の物理的な状態（これを「境界条件」とよぶ）と，最初の時刻の棒全体における温度分布（これを「初期条件」とよぶ）を指定する必要がありそうだということは，直感的にわかるだろう。Aでは，棒の両端を$g_1(t)$，$g_2(t)$のよ

うに，あたえられた温度に保つような境界条件をつけている。

また，⑤のような波動方程式についても，たとえば両端を固定するなどの境界条件をつける必要があるだろう。初期条件に関しては，$t = 0$における，弦が振動していないつり合いの位置からの変位だけでなく，各点がどのような速度で動きはじめたのかを指定する必要がある。

一方で，⑥のような楕円型方程式では，解を一通りに決めるために，縁での状態を指定する境界条件をつける必要がある。

また，常微分方程式とはことなり，**偏微分方程式には一般解を求めることがきわめて困難であるという特徴がある。**そのため，前述のように境界条件や初期条件を設定し，それに対し偏微分方程式とそれらを満足する解が一通りに求まるかどうかが基本的な問題となる（偏微分方程式のタイプはきわめて多様であるうえに，境界条件や初期条

件の設定も，物理的な状況や先に述べた偏微分方程式のタイプなどにより数多くある）。

私たちの生活を支える微分方程式

私たちの生活は，実は微分方程式と密接に関係している。たとえば朝，トースターにパンを入れて焼く，出勤や通学のために電車に乗る，携帯電話を使う……。これらの背後には，電磁気学における「マクスウェル方程式」という偏微分方程式が使われている。

また，あなたがツイッター（Twitter）をするとき，特定の言葉が含まれるツイートの数の変化は，「ロジスティック方程式」のような常微分方程式を使って予測できるかもしれない。この微分方程式は，人口の変動を予測する際の古典的な常微分方程式でもある。

健康診断では，「電気インピーダンス法」で測定を行うことがある。これは微弱な電流を身体に流し，電気伝導率のちがいによって体内に電位差が生じることを利用して，組織の状態を検知しようとするものだ。この技術には，楕円型偏微分方程式が使われている。

地震の解析においては，「弾性波の方程式」が基本となっている（前ページで紹介した，双曲型偏微分方程式に分類される）。この偏微分方程式により，地震波が地中をどのように伝わるのかがあらわされる。

さらに，一般相対性理論における基礎方程式であり，重力波の存在を許容している「アインシュタイン方程式」も偏微分方程式だ（下図B）。

私たちが日常生活を普通に過ごすためには，このような微分方程式を意識する必要はない。

しかし，ひとたび大きな事故がおきるなどして，現象の本質に向きあう必要がある場合には，現象を記述する基本言語である微分方程式を考察しなくてはならない。

いまだに発展・拡大しつづける微分方程式

最後にもう一つ，筆者（山本昌宏）が社会からの要請を受け，取り組んでいる課題を紹介しよう。それは，工場からの粉塵や，放射性物質の放出が，環境中にどのように拡散していくかを予測する問題である。この中では，実にさまざまな種類の微分方程式が使われている。

右ページCを見てほしい。粉塵や放射性物質は，まず風によって空気中に拡散する。この現象は，気体に関する双曲型偏微分方程式によって記述することができる。

B.

アルバート・アインシュタイン

アインシュタイン方程式

$$R_{\mu\nu} - \frac{1}{2} g_{\mu\nu} R + \Lambda g_{\mu\nu} = \frac{8\pi G}{c^4} T_{\mu\nu}$$

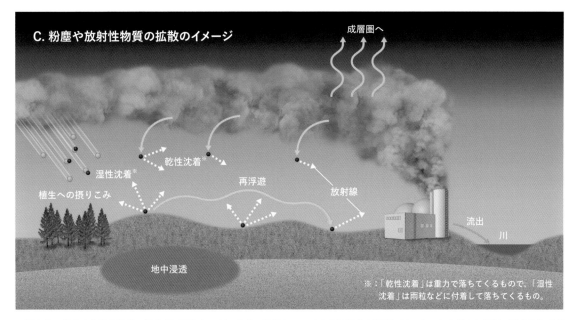

C. 粉塵や放射性物質の拡散のイメージ

成層圏へ

湿性沈着※
乾性沈着※
再浮遊
放射線
植生への摂りこみ
流出
川
地中浸透

※:「乾性沈着」は重力で落ちてくるもので、「湿性沈着」は雨粒などに付着して落ちてくるもの。

工場からの粉塵や放射性物質の放出が、環境中にどのように拡散していくかを予測する問題では、実にさまざまな種類の微分方程式が使われている。　＊作成協力：筑波大学 羽田野祐子教授

　一方、水の中をインクが広がるように、風がなくても物質が大気中を自然に拡散するという現象もある。この現象を支配するのは「拡散方程式」で、熱方程式と同じ放物型偏微分方程式に分類される。

　また、粉塵や放射性物質は、雨や重力の影響で地面に沈着したり、時間とともに崩壊したりする（放射性物質の場合）。これらの現象は主に、常微分方程式で記述される。

　さらに、一部の物質は川から海に流出するが、ここは流体に関する偏微分方程式で記述される。この局面では、しばしば「ナビエ・ストークス方程式」（164ページ参照）という放物型偏微分方程式に分類される、流体の基礎方程式も使われる。ちなみにナビエ・ストークス方程式の

ある種の解の存在は、2000年にクレイ数学研究所が発表した七つの「ミレニアム懸賞問題」のうちの一つで、100万ドルの懸賞金がかけられた超難問だ。

　そして、物質が地中に浸透するようすを予測するためには、ふたたび土壌における拡散方程式が使われる。

　このように、**一連の物質の拡散現象を正しく理解し、合理的に予測するためには、多くの種類の微分方程式が必要なのだ。物理現象を定量的に解明することは重要であり、そのためには、微分方程式を使って解くことが不可欠であるといえる。**

**発展・拡大しつづける
微分方程式の研究**

　以上により、自然科学から社会科学に至るまで実にさまざま

な現象を解く鍵が微分方程式にあり、私たちの生活に密接に関係していることがおわかりいただけたのではないだろうか。

　微分方程式は古くから研究されてきたが、いまだに研究が下火になる気配はまったくない。日々新たな現象が見つかり、そのための研究や考察がはじまるたびに、数学的にわからないことが発生する。それにともない、微分方程式の研究も大きく発展、拡大しつづけているためだ。

　そして、このような微分方程式の“ネバーエンディングストーリー”を語り継ぐための基本的かつ最強の武器は、言うまでもなく微積分である。筆者は多くの若い方々の挑戦を、期待している。

"最も美しい"偏微分方程式
「ボルツマン方程式」

偏微分方程式は3世紀近く前から使われているが，現代も研究がつづけられる，最先端の分野である。2010年，フランスの数理物理学者セドリック・ヴィラーニ博士は，偏微分方程式の一つである「ボルツマン方程式」に関する研究で，数学のノーベル賞といわれる「フィールズ賞」を受賞した。本コラムでは，この方程式について紹介しよう。

気体のふるまいをあらわすボルツマン方程式

ボルツマン方程式は，オーストリアの物理学者，ルートヴィッヒ・ボルツマン（1844〜1906）によってはじめて導入された，気体のふるまいを説明する方程式（基礎方程式）である。

気体は無数の分子でできており，それらはきわめて無秩序に，予測不能な形でふるまっている。粒子の個々の流れは予測不可能だが，集団としての軌道の統計データは正確に予測することができる。これは，一人ひとりの行動よりも，群衆全体がどのように行動するかということのほうが予測しやすいのと同じだ。

ボルツマン方程式は，粒子の最初の位置分布や速度の設定からスタートして，ある時点での結果を予測する。そして，遅い粒子や速い粒子がいくつあるかといった，粒子の速度の分布を

とらえる。これにより，方程式の解の性質を理解するのだ。なお，気体は拡散するか，温度は上昇するか，その後何がおきるかなどが問題となる。

ボルツマン方程式が美しい理由

ヴィラーニ博士は，著書『定理が生まれる』の中で，あらゆる方程式の中で最も美しいのはボルツマン方程式だと述べている。その理由の一つとして，希薄な気体を具体例として用いることで，「熱力学第二法則」（エントロピー増大の法則）を証明できることをあげている。エントロピー増大（の法則）とは，簡単にいえば，コーヒーに注いだミルクがしだいに広がっていくように，秩序だった状態から，乱雑な状態に自然と進んでいくことをいう。

エントロピーの増大を証明できれば，物理学や数学だけでなく，哲学の分野にも大きな影響をおよぼすという。これにより，「時間の不可逆性※」は，私たちが世界の中でマクロな存在であることに関連していることが示されるらしい。つまり世界は，「小さなスケールにおいては可逆である」，あるいは少なくとも「人間のス

高高度（1万メートル程度）を飛ぶ飛行機には流体力学の方程式が適用できなくなるため，航空工学は，ボルツマン方程式の重要な応用分野になっている。ボルツマン方程式はほかにも，天気の予測などにも役立っている。

ケールよりは不可逆性が低い」ということがいえるのである。

ヴィラーニ博士はまた，ボルツマン方程式の美しさの理由として，この方程式が「流体力学」と「統計力学」の最終的な合流点である点もあげている（この

二つの分野は，数理物理学で重
要な領域である）。

※：完全に元にもどりえないこと。「可逆
性」はその反対の意味。

ルートヴィッヒ・
ボルツマン

ボルツマン方程式

$$\frac{\partial f}{\partial t} + \mathbf{v} \cdot \frac{\partial f}{\partial \mathbf{r}} + \frac{\mathbf{F}}{m} \cdot \frac{\partial f}{\partial \mathbf{v}} = \iint (f'f_1' - ff_1)gd\Omega d\mathbf{v_1}$$

微分を使って力学に挑戦しよう
～万有引力の証明～

執筆　和田純夫

微積分は，物理学と密接な関係がある。とくに物体の運動を考えると，そのことがよくわかる。本節では典型的な三つの例「垂直落下運動」（初級問題），「等速円運動」（中級問題），そして「楕円運動（惑星の運動）」（上級問題）を説明する。いずれも高校の数学で十分に理解できるが，問題により計算の複雑さはかなりかわるので，挑戦してみてほしい。

微分と積分の基本的な関係

　記号の導入もかねて，微分と積分の基本的な関係からはじめよう。まず，$F(t)$ という関数を考える。t はあとで時間をあらわす量だと考えるが，最初は何かの独立変数だとしておく。F もあとで，物体の位置座標だったり，ほかの量だったりするが，最初は t によって決まる何かの量だと考えてほしい。

　横軸 t，縦軸 F とした関数 $F(t)$ のグラフで，グラフ上のある位置での F の変化率を考える（右ページA）。「変化率」とは，t が少しかわったときに F がどれだけかわるかという変化の割合であり，グラフ $F(t)$ で

の接線の傾きのことである。関数 $F(t)$ の t での「導関数」といい，ここでは小文字 $f(t)$ であらわす。つまり，

$$f(t) = \frac{dF}{dt}$$

$$\cdots\cdots ①$$

である。関数 $F(t)$ から，その導関数 $f(t)$ を求める操作が微分である。$F(t)$ は，$f(t)$ の「原始関数」とよばれる。

　次に，導関数 $f(t)$ のグラフを考えよう（右ページB）。また，図の赤色の斜線部分（$t = t_1$ から $t = t_2$ の部分）の面積を $S(t_2, t_1)$ と書く。すると，この S は，

$f(t)$ の原始関数 $F(t)$ を使って，次のようになることが知られている。

$$S(t_2,\ t_1) = F(t_2) - F(t_1) \qquad \cdots\cdots ②$$

グラフの面積を求めることを積分というが，$f(t)$ の積分は原始関数 $F(t)$ を求めることにほかならない。これをまとめると，

原始関数の微分 →導関数
導関数の積分 →原始関数

となる。つまり，**微分と積分は逆の関係なのだ。これが，微分積分学の基本定理である。**

位置と速度

ここまでは数学の話であり，抽象的な議論にしか感じられなかった人も多いだろう。しかし，これを物理にあてはめてみると，微分積分学の基本定理の意味がはっきりとわかってくる。

今，一直線上を動く物体を考える。この直線上の座標を x とすれば，時刻 t での物体の位置は，$x(t)$ という関数であらわすことができる。

次に，この物体の速度 $v(t)$ を考えよう。速度とは，位置の変化率なので，横軸を t，縦軸を x とおくと，グラフ $x(t)$ の，各時刻で接線の傾きが $v(t)$ になる（下図C）。式で書くと，

$$v(t) = \frac{dx}{dt} \qquad \cdots\cdots ③$$

であり，$x(t)$ が原始関数，$v(t)$ がその導関数という関係になっている。

では，物体の速度 $v(t)$ が最初からわかっているとき，時刻 t_1 から時刻 t_2 での物体の位置の変化（移動距離）はどのように求められるだろうか。これは，物理学の授業で，下図Dの赤色

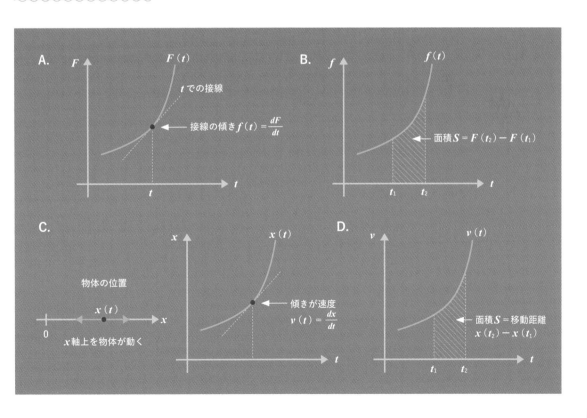

A.

F $F(t)$

t での接線

接線の傾き $f(t) = \dfrac{dF}{dt}$

t

B.

f $f(t)$

面積 $S = F(t_2) - F(t_1)$

t_1 t_2 t

C.

x $x(t)$

物体の位置

$x(t)$

0

x軸上を物体が動く

傾きが速度
$v(t) = \dfrac{dx}{dt}$

t

D.

v $v(t)$

面積 S ＝移動距離
$x(t_2) - x(t_1)$

t_1 t_2 t

の斜線部分の面積に等しいと教わったことだろう。もし速度が一定ならば，斜線領域は長方形なので，

面積
＝ 縦×横＝速度×時間

であり，これが移動距離になることは明らかである。

速度が一定でない場合でも，斜線部分を細長い長方形に分割することにより，移動距離が面積に等しいことがわかる。

以上のことは，速度×時間＝距離という物理的な関係からわかることだが，微分積分学の基本定理はまさにこのことを言っているのだ。つまり，前ページの③より，$v(t)$ の原始関数は $x(t)$ である。したがって②は，

グラフ $v(t)$ の
t_1 から t_2 の部分の面積

$$= x(t_2) - x(t_1)$$
$$\cdots\cdots ④$$

となる。これは，位置の変化（右辺）が速度のグラフの面積（左辺）に等しいという関係にほかならない。

速度と加速度

以上は，位置と速度の関係の話だが，物理はこれだけで終わりではない。運動の法則によれば，物体の動きは加速度によって決まることがわかっている。

物体が力を受けていないときは物体の速度は一定で（慣性の法則），力を受けると速度が変化する。速度の変化率を「加速度」とよぶが，加速度が力に比例する（比例係数を「質量」とよぶ），つまり次のような式が運動の基本法則である。

力＝質量×加速度
$$\cdots\cdots ⑤$$

再度，x 方向にだけ動いている物体を考えよう。各時刻 t での位置を $x(t)$，速度を $v(t)$，そして，加速度を $a(t)$ と書く。

加速度とは速度の変化率のことなので，

$$a(t) = \frac{dv}{dt}$$
$$\cdots\cdots ⑥$$

となる。ここでは，$v(t)$ が原始関数，$a(t)$ がその導関数という関係になっている。速度 $v(t)$ を微分すると，加速度 $a(t)$ になるということだ。

また積分の関係は，

グラフ $a(t)$ の
t_1 から t_2 の部分の面積
$= v(t_2) - v(t_1)$
$$\cdots\cdots ⑦$$

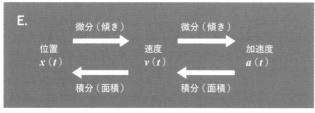

E.

微分（傾き）　　　微分（傾き）

位置　　　　　速度　　　　　加速度
$x(t)$　　　　　$v(t)$　　　　　$a(t)$

積分（面積）　　　積分（面積）

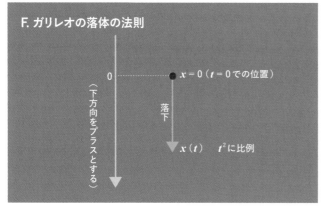

F. ガリレオの落体の法則

0 ‥‥‥‥ ● $x = 0$（$t = 0$ での位置）

（下方向をプラスとする）

落下

$x(t)$　　t^2 に比例

となる。この三つの量をまとめると、左ページEのようになる。

　物理学での問題設定はさまざまだが、たとえば、力 F があたえられたときに、物体はどのように動くかという問題を考えてみよう。

　各時刻で F があたえられていれば、⑤から加速度 $a(t)$ がわかる。すると、その原始関数を求めることによって、速度 $v(t)$ がわかる。ただし、原始関数には、「積分定数」という任意性がある。つまり、一つの原始関数を $v(t)$ としたとき、$v(t) + C$（定数）も原始関数だ。理由は、微分すれば定数 C はなくなってしまうので、導関数はかわらないからだ。

　C は通常、初期条件から決める。つまり「出発時刻 t_1 では、速度はいくつだったのか」という条件をあたえることで、C の値が決まる。

　速度 $v(t)$ が決まれば、その原始関数が、位置 $x(t)$ である。この場合も積分定数の問題があるが、これも初期条件（出発時刻 t_1 で、位置はどこだったのか）から決めることができる。

ガリレオの落体の法則

　最も簡単な力学の問題として、自由落下する物体を考えてみよう。この問題を最初に議論したのは、16 〜 17世紀のガリレオである。ガリレオは実験をくりかえし、静止状態から放たれた物体の落下距離は、時間の2乗に比例するという結論を得た。これを「落体の法則」という（96ページ参照）。

　物体が放たれた位置を $x = 0$、下方向を $+x$ 方向、そして放たれた時刻を $t = 0$ とすれば（左ページF）、次のようになる。K は比例定数だ。

落下距離
$$x(t) = Kt^2$$

　先ほど、加速度から速度、そして位置を求める手順を説明した（原始関数を求める、つまり積分するという手順）。ここでは最初から位置 $x(t)$ がわかっているので、微分することによって、各時刻での速度や加速度がわかる。

$$速度 \, v(t) = \frac{dx}{dt} = 2Kt$$

$$加速度 \, a(t) = \frac{dv}{dt} = 2K \quad \cdots\cdots ⑧$$

これは、落下速度は時間に比例して増大するが、加速度は一定であることをあらわしている。

したがって、この物体にはたらいている力も一定で、

力 F
＝質量×加速度 $2K = 2mK$

となる（一定の力が $+x$ 方向、つまり下方向にはたらいていることがわかる）。

　またガリレオは、落下する物体は空気抵抗を無視すれば、その質量とは無関係に同じ加速度で落下することも発見した。その加速度は、「重力加速度」とよばれ、通常 g と書く（場所によってわずかにかわるが、ほぼ9.8メートル／秒[2]）。

　これを⑧の a とくらべると、$2K = g$、つまり $K = \dfrac{g}{2}$ となる。

等速円運動

　今度は、xy 平面上、原点を中心とする半径 r の円周上で、等速で円運動する物体を考えてみよう（下図G）。

　物体は、$t = 0$ で x 軸上の点Aにあったとする。物体が等速で

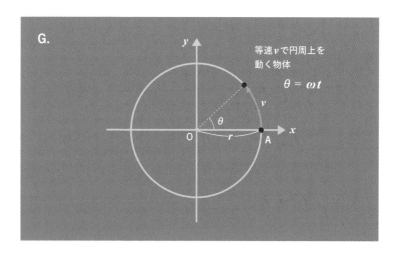

G.

等速 v で円周上を動く物体

$\theta = \omega t$

動いているとすれば，中心から見た物体の方向θ（x軸となす角度）は，時間tに比例してふえていく。そのふえる割合をωとすれば，

$$\theta = \omega t \qquad \cdots\cdots ⑨$$

となる。角度θは，ラジアン（一周を2πとする角度の単位）であらわされているとする。また，ωを「角速度」という（角度がふえる速度，という意味）。角度がラジアンであらわされているとき，物体の速度vとは，

$$v = r\omega$$

という関係にある。これは，角度がラジアンであらわされているとき，角度×半径＝円弧の長さという関係があるためだ（下図H）。

平面内の運動なので，各時刻での位置は，二つの座標（x, y）であらわされる。それは，下図Iからわかるように，

$$x(t) = r\cos\theta = r\cos\omega t$$
$$y(t) = r\sin\theta = r\sin\omega t \qquad \cdots\cdots ⑩$$

となる。

次に，各時刻での速度を求めよう。物体の位置がθの方向にあるとき，速度は垂直方向からθだけ傾いた方向になる（I）。

したがって，x方向の速度をv_x，y方向の速度をv_yと書くと，それぞれ，

$$v_x = -v\sin\theta = -v\sin\omega t$$
$$v_y = v\cos\theta = v\cos\omega t \qquad \cdots\cdots ⑪$$

となる。

下図Iでは物体は左方向に動いているので，v_xに負号をつけなければならない。ここで，速度は位置の微分であったことを思いだそう。すなわち，$v(t) = \dfrac{dx}{dt}$（③）である。

ここでは，x方向とy方向それぞれについてこの式が成り立つはずだ。つまり，次のように書ける。

$$v_x = \frac{dx}{dt},\quad v_y = \frac{dy}{dt} \qquad \cdots\cdots ⑫$$

この式に，⑩と⑪を代入すれば，

$$-v\sin\omega t = \frac{d(r\cos\omega t)}{dt} = r\frac{d(\cos\omega t)}{dt}$$
$$v\cos\omega t = \frac{d(r\sin\omega t)}{dt} = r\frac{d(\sin\omega t)}{dt}$$

となる。rは定数なので，微分の外に出した。

ここで，$v = r\omega$を左辺に代入すれば，上の式は，両辺をrで割って左と右を入れかえ，

$$\frac{d(\cos\omega t)}{dt} = -\omega\sin\omega t$$
$$\frac{d(\sin\omega t)}{dt} = \omega\cos\omega t$$

となる。**これは，三角関数の微分公式にほかならない。**

わかりやすくするには，$\omega = 1$の場合を考え，tをθと書きかえるとよい。

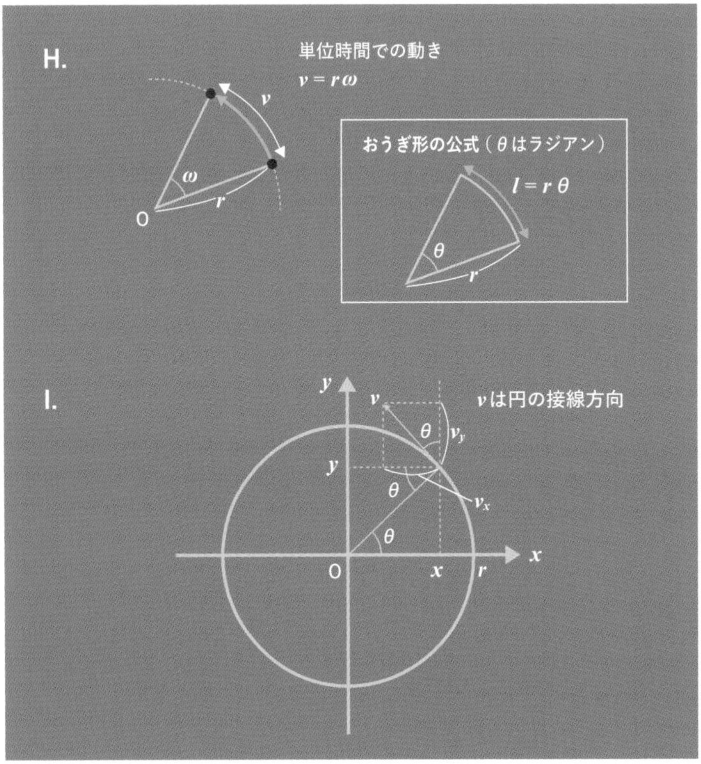
H.
単位時間での動き
v = rω
v
ω
r
O
おうぎ形の公式（θはラジアン）
l = rθ
θ
r
I.
y
v
vは円の接線方向
θ
v_y
y
θ
v_x
θ
O
x
r
x

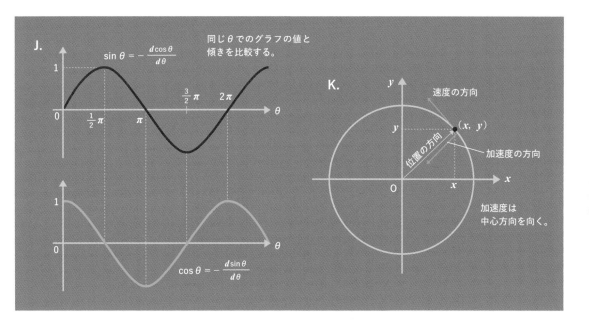

J.

$$\sin \theta = -\frac{d\cos\theta}{d\theta}$$

同じθでのグラフの値と
傾きを比較する。

1

0　$\frac{1}{2}\pi$　π　$\frac{3}{2}\pi$　2π　θ

1

0　　　　θ

$$\cos\theta = -\frac{d\sin\theta}{d\theta}$$

K.

y

速度の方向

y　　　(x, y)

位置の方向

加速度の方向

O　　　x　　x

加速度は
中心方向を向く。

$$\frac{d\cos\theta}{dt} = -\sin\theta$$

$$\frac{d\sin\theta}{dt} = \cos\theta$$

これにより，$\sin\theta$を微分すると$\cos\theta$となり，$\cos\theta$を微分すると$-\sin\theta$となるという三角関数の微分公式が，円運動という物理学の問題から得られた（上図J）。

速度がわかったので，微分すれば加速度が得られる。これもx方向，y方向があるので，それぞれを$a_x(t)$，$a_y(t)$と書く。

$$a_x(t) = \frac{dv_x}{dt} = -v\frac{d(\sin\omega t)}{dt}$$
$$= -v\omega\cos\omega t$$
$$= -r\omega^2\cos\omega t$$

上で求めた微分公式を使い，最後に$v = \omega r$を代入した。$a_y(t)$も同様に，

$$a_y(t) = \frac{dv_y}{dt}$$
$$= -r\omega^2\sin\omega t$$

となる。

ここで，加速度ベクトル(a_x, a_y)は，位置ベクトル(x, y) $= r(\cos\omega t, \sin\omega t)$の，$-\omega^2$倍になっていることに注目してほしい。

位置ベクトルとは，中心（座標の原点）から物体の方向に向かうベクトルである。加速度はその逆方向，つまり，物体から中心へという方向を向いているのだ（上図K）。

加速度が中心方向を向いているとすれば，力F＝質量m×加速度aという関係から，力も中心方向を向いていなければならない。つまり，物体を等速円運動させるには，中心方向に引っぱる力が必要なのである。

この力が具体的に何であるか

は状況によるが，一般に「向心力」とよばれることは，高校物理で習う。

また，力の大きさもわかる。加速度の大きさをaとすれば，

$$a = \sqrt{a^2_x + a^2_y} = r\omega^2 = \frac{v^2}{r}$$

なので，向心力はこれに，物体の質量mを掛けたものになる。この結果はよく，おうぎ形の相似という幾何学から証明されているが，微分を使うことによって幾何学なしでも証明することができる。

惑星の運動
「ケプラーの法則」

惑星は太陽のまわりを"円軌道"をえがいて動いているが，正確には軌道は「円」ではないことが昔から知られていた。そして17世紀初頭，ケプラーは観測データから次の三つの法則を発見した（112ページ参照）。

第一法則：惑星の軌道は，太陽を焦点とする楕円である。

第二法則：太陽から見た惑星の面積速度は一定。

第三法則：周期の2乗と楕円軌道の長径の3乗の比率は，すべての惑星で同じ値になる。

さらにニュートンは，これらから，太陽と惑星の間には距離の2乗に反比例する力がはたらいているという「万有引力の法則」を発見している。

そこで，どのようにすれば，

ケプラーの三法則から万有引力の法則がみちびきだされるのかについて考えてみよう。

ニュートンは微積分の創始者であるにもかかわらず，このことを微積分ではなく，幾何学を使って証明した。それを示したのが，ニュートン自身による著書『プリンキピア』である（105ページ参照）。

ここでは，微分を使ってどのように証明できるのかについて説明する。計算は少しめんどうだが，プリンキピアの幾何学的な証明よりはかなり簡単だ。

「面積速度が
一定である」とは？

物体の運動の「面積速度」とは，基準点と物体を結ぶ線が単位時間におおう部分の面積のことである。これは，どこを基準点にするかによってかわる。

下図Lで説明しよう。物体が点Aにあるときの面積速度とは，基準点を「原点」とすると，緑色の斜線部分の面積である。ここで，面積速度の2倍を l と書くことにする。すると，l は平行四辺形の面積となる。

平行四辺形の面積 l ＝ 底辺 r

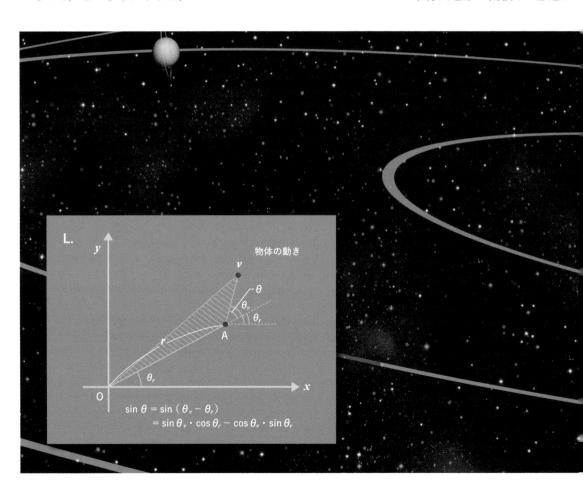

L.

物体の動き

$$\sin \theta = \sin (\theta_v - \theta_r)$$
$$= \sin \theta_v \cdot \cos \theta_r - \cos \theta_v \cdot \sin \theta_r$$

×高さ$v \sin \theta$だが，$\theta = \theta_v - \theta_r$なので，三角関数の加法定理（かほう）も使って，

$$
\begin{aligned}
l &= rv \sin(\theta_v - \theta_r) \\
&= rv(\sin \theta_v \cdot \cos \theta_r \\
&\quad - \cos \theta_v \cdot \sin \theta_r) \\
&= (r \cos \theta_r) \cdot (v \sin \theta_v) \\
&\quad - (r \sin \theta_r) \cdot (v \cos \theta_v)
\end{aligned}
$$

となる。ここで，

$$
x = r \cos \theta_r, \quad y = r \sin \theta_r
$$
$$
vx = v \cos \theta_v, \quad vy = v \sin \theta_v
$$

なので，次の式がみちびきだされる。

$$
l = xv_y - yv_x \qquad \cdots\cdots ⑬
$$

さて，面積速度が一定であるとは何を意味するだろうか。一定ならば，lは時間に依存しない「定数」になる。

そこで，⑬の両辺をtで微分してみよう。lは定数なので，左辺は0になる。一方，右辺はまず，次に示す「積の微分公式」を使う。

$$
\frac{d(fg)}{dt} = g\frac{df}{dt} + f\frac{dg}{dt}
$$

そして，$\dfrac{dx}{dt} = v_x$，$\dfrac{dv_x}{dt} = a_x$などを使うと，

$$
\begin{aligned}
0 &= (v_x v_y + x a_y) - (v_y v_x + y a_x) \\
&= x a_y - y a_x
\end{aligned}
$$

となる。$\dfrac{a_x}{x} = \dfrac{a_y}{y} = k$とおけば，加速度ベクトルは，

$$
(a_x, a_y) = k(x, y) \qquad \cdots\cdots ⑭
$$

となり，加速度はつねに位置ベクトル(x, y)と同じ方向（$k > 0$のとき），または，その逆方向（$k < 0$のとき）を向いていることになる。これは，力についても同様だ。

惑星の場合，太陽（基準点）か

ら離れていってしまわないので，力はつねに太陽方向を向いていなければならない（$k < 0$）。つまり，太陽を基準点としたときの惑星の面積速度が一定であるということは，**惑星はつねに太陽の方向を向く力を受けていることを意味しているのだ。** また，大きさは，

$$a = \sqrt{a^2_x + a^2_y}$$
$$= k\sqrt{x^2 + y^2} = kr$$
$$\cdots\cdots ⑮$$

となる。

k は物体（惑星）の位置によってかわりうる値だが，もし k が距離 r の3乗に反比例するとすれば，加速度，そして力は，距離の2乗に反比例することになる。実際，万有引力が距離の2乗に反比例するのならば，そうなっているはずだ。

次にこのことを，ケプラーの第一法則から証明してみよう。

軌道が楕円であることからわかること

楕円の式は，楕円の中心を座標の原点とすれば，右ページMに示したような式になる。

楕円の式

$$\frac{1}{A^2}x^2 + \frac{1}{B^2}y^2 = 1$$

（長径 $2A$，短径 $2B$，
　焦点の位置 $\pm C$，$C = \sqrt{A^2 - B^2}$）

太陽は楕円の中心ではなく，楕円の「焦点」にある。楕円の焦点とは何かという話は，ここでは省略するが，その位置は，x

軸上で中心から $\pm C$ だけ離れた位置にある。

太陽はこの焦点上にあるが，ここでは，左側の焦点上にあるとしよう。

太陽の位置を座標の原点とするために，グラフを右に C だけ平行移動する。すると，楕円の式は，

$$\frac{1}{A^2}(x - C)^2 + \frac{1}{B^2}y^2 = 1$$
$$\cdots\cdots ⑯$$

となる。

次に，式の両辺を t で微分する。面積速度のときと同様の計算をし，全体を2で割れば，

$$\frac{1}{A^2}(x - C)v_x + \frac{1}{B^2}yv_y = 0$$
$$\cdots\cdots ⑰$$

となる。さらに，もう一回 t で微分すると，今度は，

$$\frac{1}{A^2}v_x{}^2 + \frac{1}{B^2}v_y{}^2$$
$$+ \frac{1}{A^2}(x - C)a_x + \frac{1}{B^2}ya_y = 0$$
$$\cdots\cdots ⑱$$

となる。

以上から，⑬と⑰を使って v_x と v_y を計算し，それを⑱に代入して速度を消去し，位置座標と加速度との関係式を求めていく。⑬と⑰は，v_x と v_y についての連立一次方程式なので，簡単に解けるだろう。

結果をあらわす式を簡単な形にするため，

$$D = \frac{1}{A^2}x(x - C) + \frac{1}{B^2}y^2$$
$$\cdots\cdots ⑲$$

という記号を導入する。すると，次のようになる。

$$v_x = -\frac{ly}{DB^2}, \quad v_y = \frac{l(x - C)}{DA^2}$$

これらを⑱に代入して v を消去し，また⑭⑯を使って，a を k で書きかえると（ただし，x 座標はずらしてあるので，⑭の x は $x - C$ とする），

$$\frac{l^2}{(DAB^2)} + kD = 0$$

という簡単な式になる。結局，

$$k = -\frac{l^2}{D^3A^2B^2}$$
$$\cdots\cdots ⑳$$

であることがわかった。

最後に，D が距離 r に比例することを示そう。⑯を使って r^2 を変形すると，

$$r^2 = x^2 + y^2$$
$$= x^2 + \left(B^2 - \frac{B^2}{A^2}(x - C)^2\right)$$
$$= \frac{C^2}{A^2}\left(x + \frac{B^2}{C}\right)^2$$
$$\cdots\cdots ㉑$$

となる。同様に D は，

$$D = 1 + \frac{C}{A^2}x - \frac{C^2}{A^2}$$
$$= \frac{C}{A^2}\left(x + \frac{B^2}{C}\right) = \frac{r}{A}$$

となる。最後に，㉑の r^2 の式を使った。

これらにより，D が r に比例することがわかり，k は距離 r の3乗に反比例すること，つまり，太陽と惑星の間の力は距離 r の2乗に反比例することが証明されたことになる。

通常の力学の本（大学の教科書あるいはレベルの高い高校の参考書）では，距離の2乗に反比例した力を仮定したうえで，軌

道が楕円になることが証明されている。

本節では逆に，楕円軌道であることから，力が距離の2乗に反比例していることなどを証明した。ニュートンが『プリンキピア』で証明したのも，これと同じである。

「第三法則」の意味とは

ここまで，ケプラーの第一法則と第二法則だけを使っている。本節の〆として，第三法則は何を意味するのかを説明しておこう。

楕円の面積は「πAB」，「l」は面積速度の2倍としたので，惑星が太陽を1回まわる時間（周期）Tは，

$$T = 面積 \div 面積速度$$
$$= \pi AB \div \frac{l}{2}$$

となる。これと，$D = \dfrac{r}{A}$ を⑳に

使うと，

$$k = -\frac{l^2 A}{B^2} \cdot \frac{1}{r^3}$$
$$= -4\pi^2 \cdot \frac{A^3}{T^2} \cdot \frac{1}{r^3}$$

となる。

第三法則は，$\dfrac{A^3}{T^2}$ がすべての惑星で共通だと言っているの

で，k は単に距離 r の3乗に反比例するばかりでなく，**その係数はすべての惑星で同じであることがわかる。**つまり，すべての惑星は太陽から質量に比例する同じ力を受けているという，万有引力の原理が証明される。

チェコ共和国の首都プラハにあるケプラーと師であるティコの銅像

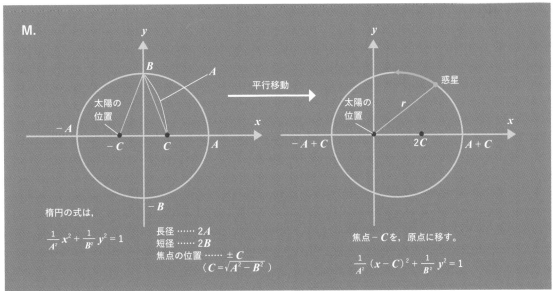

M.

楕円の式は，

$$\frac{1}{A^2}x^2 + \frac{1}{B^2}y^2 = 1$$

長径 …… $2A$
短径 …… $2B$
焦点の位置 …… $\pm C$
$(C = \sqrt{A^2 - B^2})$

平行移動

焦点 $-C$ を，原点に移す。

$$\frac{1}{A^2}(x - C)^2 + \frac{1}{B^2}y^2 = 1$$

数か所の高度から
山全体の形を推定する「数値微分」

執筆　山本昌宏

ある関数の微分係数を求めることは，その点の近くで関数がどのように変化するかを調べることである。これは，微分の基本中の基本だ。本節では，実用に即して「数値微分」の問題を紹介する。

数値微分とは，**関数上のある点に注目し，そこでの微分係数を近似的に求めることである。**

話を厳密にするために，たとえば，区間$(0, 1) = \{x : 0 < x < 1\}$で定義された関数$f(x)$に対して，$(0, 1)$を$N$等分する点$x_1$, x_2, $\cdots$, x_{N-1}を考える。そこで，関数の値$f(x_j)$，$j = 1$, 2, $\cdots$, $N-1$がわかっていると

する。また，点x_1, x_2, $\cdots$, x_{N-1}をサンプリング点とよぶことにする。このとき，サンプリング点での平均的な傾きである，$\frac{f(x_{j+1})-f(x_j)}{x_{j+1}-x_j}$を計算していく。等分する数$N$をふやしていくと，平均的な傾きは$f$の導関数の値に近づいていく。

数値微分は，さまざまなケースに応用されている。たとえばある山において，数か所の観測点で高度がわかっている場合，山の勾配を求める，すなわち高度から山を見て山全体の形を推定することは，数値微分における最もシンプルな問題だ。

しかし，実際にはサンプリン

グ点の個数$N-1$を極端に多くとることはできないうえ，サンプリング点での関数の値も正確なものではなく，ほとんどの場合，誤差が混入している。そのような場合に，不完全な情報から関数の導関数を求めることは，数値微分においてとても重要な問題だ。

一般に，誤差が混入している場合，等分する数をふやしていっても，平均的な傾きは元の微分係数に近づくとはかぎらないことがわかっている。このような現象は「数値微分の不安定性」とよばれている。したがって，現実の問題を解決するためには，この不安定性を克服できるような数値手法が必要になるわけだ。

以下，あらましを述べる。まず，サンプリング点であたえられた値に，なるべく近い関数を求める「最小化問題」としてとらえる。そして，最小化問題の解である関数の導関数を数値微分の結果として採用することが，基本的なアイデアだ。

さらに，最小化問題を求める際には，**サンプリング点で誤差が含まれた値に対してなるべく近い値をとるような関数を，どの範囲でさがすかが重要となる。**さがす範囲がせまいと最小化問題は簡単になるが，せますぎるとその解が，もともとの数値微分の問題の解として適正で

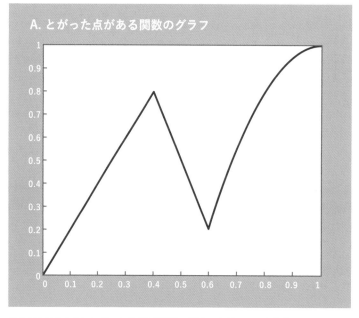

A. とがった点がある関数のグラフ

このグラフのようにとがった点がある関数の場合，とがっている点（ここでは，$x = 0.4$と$x = 0.6$）では微分係数は存在しない。

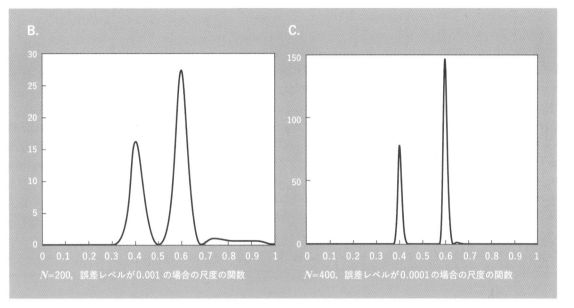

サンプリング数と誤差レベルをかえることで，とがった点を示す尺度がことなってくる。BよりもCのほうが明確なことが，おわかりいただけるだろう。

なくなる可能性が高まる。

　一方，たとえば，$0 < x < 1$で1回微分できて，導関数が$0 \leqq x \leqq 1$で連続な関数全体から最小化問題の解をさがすことにすれば，さがす範囲が広いため適正な解が見つかるかもしれないが，範囲が広すぎて数値解が安定的にうまく求められなくなるかもしれない。つまり，誤差の大きさも考慮して，最小化問題の解をさがす範囲を設定することが重要になるのだ。このような手法は「チホノフの正則化」とよばれている。

　ここではくわしく述べないが，前述のケースでは，二階導関数がある意味で，あまり大きくならない関数の範囲に限定して最小解を求める。したがって，チホノフの正則化で求めた関数

は必然的に二階導関数が存在する関数であり，グラフがよりなめらかな関数ということになる。

微分可能でない点を見つけだす

　さて，実際の問題として，グラフの特徴をつかむためには，微分係数を求めるだけでなく，**グラフで微分できないような点（特異点とよぶ）を見つけだすことが非常に重要だ。**

　例として，左ページAのように，関数のグラフにとがっている点（＝グラフで微分できないような点）がいくつかある場合を考える。つまり，$x = 0.4$と$x = 0.6$という点をさがしたいわけだ。これらを，サンプリング点での誤差の入った関数の値だけを使って見つけだしていく。

　関数のグラフがとがっている点では，一階だけでなく二階の微分係数も存在しない。そのため，そのような点で，チホノフの正則化法を用いて求めた関数の二階導関数のふるまいは，微分できるほかの点とくらべて，ことなることが予測される。

　区間$(0, 1)$の各点xにおけるこのふるまいを，次のような尺度で考える。まず，xを中心にした幅が小さな区間において，チホノフの正則化で求めた関数の二階導関数の2乗を積分した値を尺度として考える。ここで，幅はサンプリング点の間隔に応じてとる。このような積分の値は点xごとに決まるので，横軸をx軸としてグラフをえがいたものが上のBとCである。これらを，もともとの関数のふる

まいの"尺度"とみなす。

　このようなグラフでは，なめらかな点にくらべてとがっている点におけるほうが，ずっと値が大きくなっている（このことは，厳密に定式化して証明できるが，ここでは省略する）。言いかえれば，数値微分にチホノフの正則化をうまく応用し，その尺度が特徴的に大きくなる点を拾っていけば，その点が，求めたい関数のグラフのとがった点になるというわけだ。

　前ページのBは，サンプリング数 $N = 200$ で，誤差レベルが0.001，Cは，サンプリング数 $N = 400$ で，誤差レベルが0.0001という尺度のグラフである。誤差レベルがより小さい

Cのグラフでは，とがった点を示す尺度がより明確になっていることがわかる。しかしいずれの場合も，もともとの関数のグラフがとがっている点を，サンプリング点における関数の値 $f(x_j)$，$j = 1, 2, \cdots, N-1$ に誤差が入った値だけで見つけだすことができた。

　このような，関数が微分できない点を見つけることは，写真などの画像データで，輪郭線やエッジを検出する技術に利用されている。たとえば黒白写真の場合，「どれくらい黒いか」ということを数値化すると，1枚の黒白写真は，2次元の座標平面において，点 (x, y) で黒白のレベルが割り振られている2変数

の関数 $f(x, y)$ として考える。そして，輪郭線などを検出することは，「$f(x, y)$ の微分係数が特徴的に大きくなる点をさがす」という問題にほかならない。

　前ページの例では1次元的に考えたが，画像データの場合は，たとえば，まず横方向にとがった点を見つけておいて，次に探査する方向を縦方向にかえていくことで，輪郭線を見つけることができる。

　なお，対象の輪郭などを自動的に検知することは，自動車の自動運転やモニタリングなどでも非常に重要となる。

部品としてのシャフトの例（自動車）

シャフト

限られた個数の点での値から関数全体を復元

さて、ここで次の新たな問題を考えてみよう。

> **問題**
>
> 区間$(0, 1) = \{x : 0 < x < 1\}$で定義されている関数$f(x)$を考える。$x_1$, x_2, …, x_{N-1}を、区間$(0, 1)$内にあらかじめ指定されたサンプリング点とし、$f(x_j)$, $j = 1, 2,$ …, $N-1$がわかっているとき、$f(x)$を推定せよ。

この問題は、数値微分とは対照的に、**限られた点での関数の情報をうまくつなげて、区間全体での関数を知るというものだ**（「**関数の補間**」という）。

このような関数は、一通りに決まるわけではない。最も素朴な考えは、点$(x_j, f(x_j))$, $j = 1, 2,$ …, $N-1$を通るような折れ線グラフだろう（「区分的一次関数」という）。しかしこれでは、サンプリング点で微分係数が左右でことなってしまう。そのため、まずサンプリング点で導関数が左右で連続的につながるように関数を延長していく（「スプライン補間」という）。さらに、スプライン補間によって求まった関数が、区間全体である程度なめらかにつながるグラフになるように操作する。

このような関数の補間の問題は、さまざまな場面であらわれる。ここでは、愛知県安城市にあるものづくり企業、東和精機株式会社における応用例を一つだけ紹介しよう。

車やそのほかの機械の部品には、さまざまな「シャフト」（左ページの写真）が使われている。シャフトは棒状だが、ほとんどのシャフトは製造プロセスの中で熱処理を行う際に歪んでしまう。そのため、製品として納品するには、その歪みを除去しなければならない。シャフトを数か所計測し、全体の形状を把握したうえで、歪みの除去プロセスを行うのが一般的な方法である。

通常、計測点は数か所しかない（下図D）。そこで、計測点を「サンプリング点」、歪んでいるシャフトの形状を「求めたい関数」とすれば、これは関数の補間の問題ということになる。

筆者（山本昌宏）の研究グループは、工場の現場で従来採用されてきた「折れ線近似」のかわりに、スプライン補間をうまく適用して、シャフトの全体の形状を復元する方法を提案した。その結果、品質が大幅に改善された。

シャフトの全体像を折れ線近似するとギザギザの形になり、シャフト形状としては不自然だ。一方で、スプライン補間をうまく使うと、再現されたシャフト像は適度になめらかな形状になるので、直観的にもたいへん自然なのだ。

微積分は、科学全体を支えている必要不可欠な手段であり、思想である。微積分は古くていつも新しく、しかもそれなしでは現代のテクノロジーはありえない。ここで紹介した「関数が微分できない点を見つけること」や「関数の補間」は、基本的な微積分の応用が産業界の課題解決に本質的に役立っているという、無数の事例の中のほんの一例にすぎないのである。

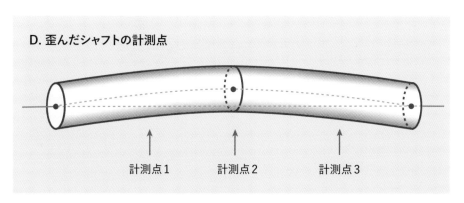

D. 歪んだシャフトの計測点

計測点1　　計測点2　　計測点3

自動車や機械の部品には、さまざまなシャフトが使われている。製造プロセスの中で歪んでしまうため、納品前に補正が必要となる。そこで、歪んでいるシャフト全体の形状を、三つの計測点によって求めている。

微分と積分の
とくに重要な公式（一部）

ax^n の微分

ax^n の微分は，n を下ろして，指数から1を引く。

② 指数の n から1を引く

❶ 指数の n を前に下ろす

定数の微分

x を含まない「定数」の項を微分すると0になる。

定数

三角関数の微分

$\sin x$ や $\cos x$ を4回微分すると，元にもどる。

なお，半径が1の円（単位円：たんいえん）の円周上を，点（1，0）から反時計まわりに回転する点を考える。角度 x まわったときの点の X 座標が $\cos x$，Y 座標が $\sin x$ である。x は，一周（360°）を 2π とする，「ラジアン」という単位であらわした角度である。

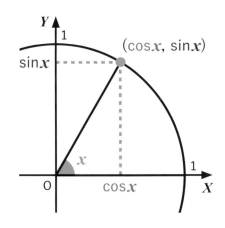

e^x の微分

　e^x は，微分しても e^x のままである。ネイピア数「e」は，2.718281828459045…と小数点以下がくりかえされずに延々とつづく数のことだ。スイスの数学者，ヤコブ・ベルヌーイが発見したといわれている。

e^x は何回微分しても，e^x のままかわらない

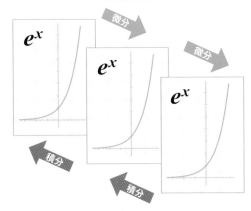

a^x を微分すると $\log_e a$ がくっつく

　上では「e^x」の微分を紹介したが，e 以外の数の場合「a^x」の微分も紹介しておこう。a^x を微分すると，$a^x \log_e a$ のように「$\log_e a$」がくっつく。$\log_e a$ とは，いったい何だろうか。
　たとえば，「3を何乗したら5になるか？」を答えるのはむずかしいだろう。そんなとき，$\log$ を使って $\log_3 5$ とあらわす。つまり，$\log_e a$ は「e を何乗したら a になるか」の数をあらわしているのである。$e^1 = e$ なので，$\log_e e$ は1だ。だから，e^x を微分しても e^x のままなのである。

ax^n の積分

　ax^n の積分は，指数に1を足し，その数で係数を割る。

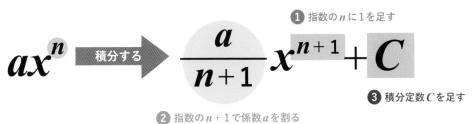

❶ 指数の n に1を足す

$$ax^n \xrightarrow{\text{積分する}} \frac{a}{n+1}x^{n+1} + C$$

❸ 積分定数 C を足す

❷ 指数の $n+1$ で係数 a を割る

三角関数の積分

　$\sin x$ を積分すると，$-\cos x$ にかわる。$\cos x$ を積分すると，$\sin x$ にかわる。

$$\sin x \xrightarrow{\text{積分する}} -\cos x + C \quad \text{積分定数 } C \text{ を足す}$$

$$\cos x \xrightarrow{\text{積分する}} \sin x + C \quad \text{積分定数 } C \text{ を足す}$$

e^x の積分

e^x は，積分しても e^x のままである。

$$e^x \xrightarrow{\text{積分する}} e^x + C \quad \text{積分定数} C \text{を足す}$$

$f(x)$ の a から b までの定積分

$f(x)$ の a から b までの定積分は，原始関数 $F(x)$ に b を代入したものから，a を代入したものを引く。

$$\int_a^b f(x)\, dx = \Big[F(x) \Big]_a^b = F(b) - F(a)$$

$f(x)$ を積分して $F(x)$ をみちびく　　　　x に b を代入した式から，x に a を代入した式を引く

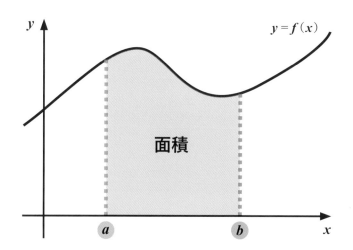

「定積分」は面積をあらわしている

Ｓを縦にのばしたような形をした記号「インテグラル（$\int$）」の上下に数字がついているものを，「定積分」という。一方，インテグラルのみのものを「不定積分」という。

　$f(x)$ の定積分とは，$f(x)$ と x 軸，そして直線 $x = a$ と $x = b$ で囲まれた，上図の青紫色の領域の面積を求めることを意味する。ただし，$y = f(x)$ が x 軸よりも下側（$f(x)$ が負）にある場合は，その領域の面積は負の値として計算される。

浅井圭介／あさい・けいすけ
東北大学大学院工学研究科航空宇宙工学専攻教授。工学博士。1956年、大阪府生まれ。京都大学工学部航空工学科卒業。航空宇宙技術研究所（現JAXA）勤務を経て、現職。専門は、空気力学、航空機設計学。研究テーマは、先進空力実験技術の開発ほか。共著に『空気力学入門』『世界の航空博物館＆航空ショー』など。

足立恒雄／あだち・のりお
早稲田大学名誉教授。理学博士（東京工大）。元早稲田大学理工学部長・学術院長。早稲田大学理工学部数学科卒業。専門は整数論、数学思想史。著書に『数の発明』『無限の果てに何があるか』『よみがえる非ユークリッド幾何学』などがある。

江崎貴裕／えざき・たかひろ
東京大学先端科学技術研究センター特任講師。1988年、鹿児島県生まれ。東京大学工学部航空宇宙工学科卒業。博士（工学）。JSTさきがけ研究者、スタンフォード大学客員研究員などを経て、2020年より現職。東京大学総長賞、井上研究奨励賞など受賞。数理的な解析技術を武器に、幅広い分野の問題に取り組む。著書に『データ分析のための数理モデル入門』『分析者のためのデータ解釈学入門』がある。

神永正博／かみなが・まさひろ
東北学院大学工学部情報基盤工学科教授。博士（理学）。1967年、東京都生まれ。京都大学大学院理学研究科博士課程中退。専門分野は、数理物理、暗号理論。著書に『「超」入門微分積分』『直感を裏切る数学』などがある。

小山信也／こやま・しんや
東洋大学理工学部教授。博士（理学）。東京大学理学部数学科卒業。専門分野は整数論、ゼータ関数論。主な著書に『数学をするってどういうこと？』『日本一わかりやすいABC予想』などがある。

鮫島俊哉／さめじま・としや
九州大学大学院芸術工学研究院准教授。工学博士。1969年、千葉県生まれ。早稲田大学理工学部建築学科卒業。専門は音響工学。最近は、物理解析に基づく楽器のデザインや、楽器の物理モデル音源の高忠実度化・高精度化・高効率化に関する研究を行っている。

祖父江義明／そふえ・よしあき
東京大学名誉教授。理学博士。東京大学理学部天文学科卒業。主な研究テーマは、電波天文学、銀河天文学など。

髙橋秀裕／たかはし・しゅうゆう
大正大学学長・心理社会学部教授。博士（学術）。1954年、埼玉県生まれ。東京大学大学院総合文化研究科広域科学専攻博士課程修了。専門は数学史・科学史。主な研究テーマは、西欧近代の数学・自然学の成立史に関する総合的研究。また最近は、科学と宗教の歴史的関係にも関心を寄せている。とくにニュートン研究をライフワークにしている。著訳書に『ニュートン―流率法の変容』、『カッツ 数学の歴史』（共訳）、『高校とってもやさしい数学Ⅰ』などがある。

竹内徹／たけうち・とおる
東京工業大学建築学系教授。博士（工学）。1960年、大阪府生まれ。東京工業大学工学部建築学科卒業。専門は建築学。研究テーマは、建築構造デザイン、鋼構造、耐震構造。空間構造。「香港中環中心ビル」「東工大緑が丘1号館レトロフィット」「東工大附属図書館」「東急緑が丘駅」などの構造設計を手がける。

根上生也／ねがみ・せいや
横浜国立大学名誉教授。理学博士。1957年、東京都生まれ。東京工業大学理学部数学科卒業。日本における位相幾何学的グラフ理論のパイオニアとして精力的に先駆的な研究をつづける一方で、新たな数学教育の流れをつくる活動を行っている。著書に『四次元が見えるようになる本』などがある。

藤田康範／ふじた・やすのり
慶應義塾大学経済学部教授。博士（工学）。1968年、愛知県生まれ。慶應義塾大学経済学部卒業（表彰学生）。東京大学大学院工学系研究科博士課程修了。2010年より現職。専門は応用経済理論、経営工学。最近の研究テーマはタイミングの数理。いつ逃げるべきか、いつ攻めるべきか、いつ産業構造を転換すべきかなどについて分析している。

山本昌宏／やまもと・まさひろ
東京大学大学院数理科学研究科教授。理学博士。1958年、東京都生まれ。東京大学理学部数学科卒業。専門は応用解析で、研究テーマは、偏微分方程式の逆問題の数学解析と数値解析、非整数階偏微分方程式論、産業数学。

和田純夫／わだ・すみお
元・東京大学総合文化研究科専任講師。理学博士。東京大学理学部物理学科卒業。専門は理論物理。研究テーマは、素粒子物理学、宇宙論、量子論（多世界解釈）、科学論など。

🍎 Photograph

006 — 007	Gilbert Iundt; Jean-Yves Ruszniewski/ TempSport/Corbis/VCG via Getty Images
010	M.studio/stock.adobe.com
014 — 015	Ulia Koltyrina/stock.adobe.com
016 — 017	Pixavril/stock.adobe.com
050 — 051	sonatalitravel/stock.adobe.com
052 — 053	metamorworks/stock.adobe.com
055	Bernard 63/stock.adobe.com
060 — 061	Bocskai István/stock.adobe.com
068	Louis Goupy (public domain)
080 — 081	villorejo/stock.adobe.com
100	R Martin Seddon/shutterstock.com
101	Superstock/アフロ
105	アフロ
106	Mistervlad/shutterstock.com
107	Science Photo Library/アフロ
110	SKD Online collection (public domain)
117	mtaira/stock.adobe.com
128 — 129	Granger/PPS通信社
130 — 131	metamorworks/stock.adobe.com
135	AKG/PPS通信社
136	Granger/PPS通信社
137	Granger/PPS通信社
141	Collection/Cynet Photo

 Staff

Editorial Management	中村真哉	DTP Operation	髙橋智恵子	Writer	山田久美
Editorial Staff	上島俊秀	Design Format	岩本陽一		
		Cover Design	岩本陽一		

 Photograph（207ページのつづき）

144	Science Photo Library／アフロ	169	九州大学大学院 芸術工学研究院 鮫島研究室
145	Bridgeman Images／PPS通信社	176	Eviart／shutterstock.com
148 — 149	metamorworks／stock.adobe.com	178	Travel mania／stock.adobe.com
150 — 151	Sittipong Phokawattana／shutterstock.com,	183	Giuseppe D'Amico／stock.adobe.com
	Merlin74／shutterstock.com	190	Yury Kisialiou／stock.adobe.com
162	Jeffrey Housman, NASA／Ames	199	DrObjektiff／stock.adobe.com
165	東北大学	202	アフロ
166	（A）大橋富夫，（B）竹内 徹		

 Illustration

004	kytalpa／stock.adobe.com	102 — 117	Newton Press，（103）小林 稔，
008 — 018	Newton Press		（ケプラー）小﨑哲太郎，
020 — 021	Umi G Design／stock.adobe.com,		（カヴァエリ・トリチェッリ）黒田清桐
	Pro_Vector／stock.adobe.com	118 — 125	Newton Press，（ドーナツ）Rambutan／stock.
022 — 025	Newton Press，		adobe.com，（すり鉢）logistock／stock.adobe.com
	（023）turn_around_around／stock.adobe.com	126 — 142	Newton Press，小﨑哲太郎，黒田清桐，
026 — 037	Newton Press		（オイラー）小﨑哲太郎
038 — 039	Newton Press，（ニュートン）小﨑哲太郎	146 — 159	Newton Press，
040 — 041	Newton Press		（155下）Good Studio／stock.adobe.com
042	ふわぷか／stock.adobe.com	161	Wirestock Creators／stock.adobe.com
043 — 073	Newton Press，（050）J BOY／stock.adobe.com,	163	吉原成行
	（062〜065）吉原成行，	164 — 171	Newton Press，
	（068）matsu／stock.adobe.com,		（169下）andrew_rybalko／stock.adobe.com
	（072）sapunkele／stock.adobe.com	172 — 177	Newton Press，（172）PS／stock.adobe.com,
074 — 075	飛田 敏		（175）Knut／stock.adobe.com
076 — 077	Newton Press	180 — 182	江崎貴裕『データ分析のための数理モデル入門 〜
	（地図作成：カシミール3D http://www.kashmir3d.com/）		本質をとらえた分析のために〜』（ソシム）よりグラフ
078 — 080	吉原成行		等を引用，（181）shlyapanama／stock.adobe.com
081 — 095	Newton Press	185 — 206	Newton Press，
096 — 099	（ガリレオ・デカルト・フェルマー）小﨑哲太郎，富﨑NORI		（192）Nattapon／stock.adobe.com

 初出（内容は一部更新のうえ，掲載しています）

微分・積分（Newton 2011年2月号）　　　　　　　　　　　ゼロと微分積分（Newton 2020年12月号）
ゼロからの微分と積分（Newton 2018年11月号）　　　　　中高の数学（Newton2021年3月号）
絵で見る数学（Newton 2020年5月号）　　　　　　　　　　数学の世界 現代編 増補第2版（Newton別冊 2021年4月）
ゼロからわかる統計と確率（Newton別冊 2020年8月）

ほか

Newtonプレミア保存版シリーズ
基本から応用まで，「知識ゼロ」から理解できる

微分と積分

本書はニュートン別冊『微分と積分 改訂第3版』を増補・再編集し，
書籍化したものです。

2023年2月20日発行

発行人　　高森康雄
編集人　　中村真哉
発行所　　株式会社ニュートンプレス
　　　　　〒112-0012東京都文京区大塚3-11-6
　　　　　https://www.newtonpress.co.jp
　　　　　© Newton Press　2023　Printed in Japan